# Schlussbericht

der Forschungsstelle(n)

Nr. 1, Faserinstitut Bremen e.V.

zu dem über die

im Rahmen des Programms zur
Förderung der Industriellen Gemeinschaftsforschung und -entwicklung (IGF)

vom Bundesministerium für Wirtschaft und Technologie
aufgrund eines Beschlusses des Deutschen Bundestages

geförderten Vorhaben **16827 N/1**

***Funktionalisierte Fasern zur Thermofixierung von PEEK / CF-Preforms für
Hochleistungsfaserverbundbauteile (BiKo-PEEK Tow Placement)***

(Bewilligungszeitraum: 01.12.2010 bis 30.11.2012)

der AiF-Forschungsvereinigung

Forschungskuratorium Textil e.V. (FK Textil)

| | |
|---|---|
| Bremen, 28.02.2013 | Lars Bostan |
| Ort, Datum | Name und Unterschrift des/der Projektleiter(s) an der/den Forschungsstelle(n) |

Gefördert durch:

Bundesministerium
für Wirtschaft
und Technologie

aufgrund eines Beschlusses
des Deutschen Bundestages

0910

Die **Forschungsberichte aus dem Faserinstitut Bremen**
erscheinen in unregelmäßiger Folge.
Herausgegeben vom
FASERINSTITUT BREMEN e.V. — FIBRE —
Am Biologischen Garten 2
D-28359 Bremen

Der vorliegende Band erscheint als Nr. 48 dieser Reihe.

Autoren:  Lars Bostan und Patrick Schiebel
Titel:    Funktionalisierte Fasern zur Thermofixierung von PEEK / CF-
          Preforms  für Hochleistungsfaserverbundbauteile
Untertitel: Biko-PEEK Tow Placement

Herstellung und Verlag: BoD - Books on Demand, Norderstedt.

ISBN dieses Bandes: 9 783735 738721
ISSN der Reihe 1618–7016

Zusammenfassung der Ergebnisse zum AiF-Forschungsvorhaben 16827 N

## *" Funktionalisierte Fasern zur Thermofixierung von PEEK / CF-Preforms für Hochleistungsfaserverbundbauteile (Biko-PEEK Tow Placement)"*

Das Ziel bestand in der Entwicklung einer ressourceneffizienten Prozesskette zur Herstellung von Hochleistungsfaserverbundbauteilen auf Basis von Hybridrovings bestehend aus neuartigen Mantel-Kern-Polyetheretherketon (PEEK) - und Kohlenstofffasern. Diese Rovings können mittels eines Ablegekopfes induktiv aufgeheizt und zu einem Preform vorfixiert werden bevor sie im anschließenden Thermoformen zu Faserverbundbauteilen mit belastungsoptimierten Faserorientierungen konsolidiert werden.

Aus mittelviskosem PEEK wurden hierfür im Schmelzspinnverfahren an der Forschungsstelle mit nanoskaligen Eisenoxidpartikeln (MagSilica®) funktionalisierte PEEK-Fasern hergestellt, welche im Ablegeprozess induktiv aufgeschmolzen werden können. Die Garnfeinheit und die Filamentdurchmesser wurden auf die Anforderungen des Hybridgarns und die spätere Konsolidierung abgestimmt.

Durch die unverstreckten PEEK-Fasern konnten Ondulationen der Verstärkungsfasern bei der Thermofixierung und Konsolidierung verhindert werden, da diese Fasern beim Aufschmelzen einen vernachlässigbaren Schrumpf aufweisen. Mit Hilfe von Lufttexturier- und Umwindegarnmaschinen wurden Hybridgarne zur weiteren Verarbeitung von Hybridpreforms gefertigt. Neben kurzen Taktzeiten lassen sich somit prozesssicher homogene Faservolumengehalte im Bauteil erreichen. Ein mit Induktionstechnik ausgestatteter Legekopf aktiviert über die nanoskaligen Partikel thermisch die modifizierten PEEK-Fasern, so dass der Hybridroving kraftflussgerecht auf einer 2D Abwicklung der Bauteilendkontur abgelegt und fixiert werden kann. Ondulationen der Verstärkungsfasern und Einschränkungen in der Lagenanzahl können mit diesem Verfahren im Vergleich zur TFP-Technologie umgangen werden. Mögliche Ablegeraten wurden in Abhängigkeit vom minimalen Anteil des eingebrachten Eisenoxides untersucht. Die prozessrelevanten Parameter der Prozesskette von der PEEK-Faser bis zur CFK-Struktur wurden analysiert.

Der Nachweis der Eignung des Verfahrens für hochwertige Produkte ermöglicht es, typische Metallbauteile durch textile Produkte zu ersetzen und das

Leichtbaupotential von CFK im Maschinen-, Fahrzeug- und Luftfahrzeugbau für z.B. Sitzgestelle, Pleuel, Fahrwerkskomponenten oder Zug-Druckstreben zu nutzen.

**Das Ziel des Forschungsvorhabens wurde erreicht.**

# 1 Forschungsthema

Funktionalisierte Fasern zur Thermofixierung von PEEK / CF-Preforms für Hochleistungsfaserverbundbauteile (Biko-PEEK Tow Placement)

# 2 Wissenschaftlich-technische und wirtschaftliche Problemstellung

In der gesamten Verkehrstechnik, der Luft- und Raumfahrttechnik, auf den Gebieten des Maschinenbaus und im Sportbereich bestehen verstärkt Forderungen nach Leichtbaulösungen. Wo Massen bewegt werden, ist Leichtbau eine effiziente Methode, um die Leistungsfähigkeit des Produktes zu erhöhen und gleichzeitig die erforderliche Energie im Betrieb und somit die laufenden Kosten zu reduzieren. Kohlenstofffaserverstärkte Kunststoffe (CFK) besitzen ein hohes Leichtbaupotenzial, da sie bei einer geringen Dichte eine hohe spezifische Festigkeit und Steifigkeit aufweisen. Der Einsatz von Strukturen aus CFK in Großserien scheitert jedoch häufig an ihren Herstell- und Materialkosten. Um Bauteile aus diesem Werkstoff zu konkurrenzfähigen Kosten fertigen zu können, muss der Herstellprozess weitgehend automatisiert sein und eine geringe Zykluszeit aufweisen. Weiterhin müssen die Materialkosten minimiert und dabei alle mechanischen, thermischen und chemischen Anforderungen erfüllt werden (vgl. [FLE96], [EHR06], [HER03] und [SCH06]).

Bei der Fertigung von faserverstärkten Bauteilen mit duromerer Matrix werden in der textilen Prozesskette produktspezifische Vorformlinge eingesetzt, welche aus den Verstärkungsfasern aufgebaut sind. Durch Injektions- oder Infusionsverfahren werden die Vorformlinge mit Harz durchtränkt und anschließend zum fertigen Bauteil ausgehärtet. Hierbei stehen der schnellen Imprägnierung durch die geringe Viskosität des Harzes, die geringe Zähigkeit der Bauteilmatrix und ein Recyclingproblem von ausgehärteten Bauteilen gegenüber.

Matrices aus Thermoplasten weisen Vorteile gegenüber Duroplasten auf. Sie sind bei Raumtemperatur unbegrenzt haltbar, bei der Verarbeitung müssen keine Lösemittel eingesetzt werden, die Zykluszeiten sind kürzer, die Materialien sind schweißbar und sie sind durch eine höhere Zähigkeit schadenstoleranter als Duromere. Endlose Kohlenstofffasern in thermoplastischen Matrices werden heute in Gewebeform zu „Organoblechen" verarbeitet. Der Herstellprozess umfasst mehrere Arbeitsschritte. So müssen zuerst (0°/90°)-Gewebe hergestellt werden. Die für den Webprozess erforderliche Schlichte zum Schutz der Fasern wird vor der Imprägnierung mit dem aufgeschmolzenen Thermoplast durch ein nasschemisches Verfahren entfernt. Anschließend werden die getrockneten Gewebe mit der Thermoplastschmelze oder über die Film-Stacking-Methode imprägniert. Die Matrix hat eine sehr hohe Viskosität von $10^3$ bis $10^5$ Pa·s (Wasser 1 mPa·s bei 20 °C). Um eine gute Imprägnierung aller Fasern sicherzustellen, werden nach der Tränkung die einzelnen Gewebe zu Laminaten aufgebaut und mittels einer Doppelband- oder Intervall-Heißpresse konsolidiert. Die Laminate der Organobleche können bis zu einer Dicke von 10 mm aufgebaut und in einem Umformprozess zu Bauteilen verarbeitet werden (vgl. [TEN08] und [FES04]).

Nachteilig erweisen sich hierbei der aufwändige Herstellprozess und die teuren Ausgangsmaterialien. Der Preis für einen Quadratmeter CF-PEEK-Organoblech mit einer Dicke von 1,8 mm liegt bei ca. 400 € (vgl. [NEU07]), welches einem Kilopreis von ca. 150 € entspricht. Aus diesem Grund ist der Anwendungsbereich bisher überwiegend auf einzelne Baugruppen in der Luftfahrt beschränkt.


## Thermoplastische Matrixwerkstoffe

Unter Berücksichtigung der mechanischen Eigenschaften und des Materialpreises werden die Thermoplaste in die drei Gruppen Standard-, Technische– und Hochleistungsthermoplaste eingeteilt. Jeder Thermoplast weist ein charakteristisches Eigenschaftsprofil auf (vgl. [ELI01] und [SCHW07]). Standard-Thermoplaste besitzen einen einfachen chemischen Aufbau. Sie haben im Gebrauch bei akzeptablen mechanischen Eigenschaften nur eine geringe Temperaturbeständigkeit. Die Verarbeitungstemperaturen bei den Press- und Autoklavprozessen sind niedrig, so dass der Energieverbrauch während der Verarbeitung gering ist. Standard-Thermoplaste sind preiswert. Eingesetzt werden diese Thermoplaste für Standardanwendungen bei hohen Produktionsmengen, z.B. in der Automobilindustrie, insbesondere in Kombination mit Glasfasern zur Verstärkung.

Technische Thermoplaste besitzen einen komplexeren chemischen Aufbau. Sie haben gute mechanische Eigenschaften und sind auch im Hochtemperaturbereich kurzzeitig einsetzbar. Dementsprechend sind die

Verarbeitungstemperaturen und auch der Preis höher als bei den Standardkunststoffen. Eingesetzt werden diese Thermoplaste für technische Anwendungen, wie im Automobilbau. Hier vorzugsweise in Bereichen, die mit höheren Temperaturen oder aggressiven Medien arbeiten oder für besondere Crash-Anforderungen ausgelegt sind.

Hochleistungsthermoplaste sind aromatische Thermoplaste unterschiedlicher chemischer Zusammensetzung. Sie haben hohe Glasumwandlungs- und Zersetzungstemperaturen, sind schwer entzündbar und selbstverlöschend. Derartige Thermoplaste vertragen in der Regel Dauergebrauchstemperaturen bis 180 °C ohne nennenswerte Schädigung. Die mechanischen Eigenschaften sind ausgezeichnet. Bei der Verarbeitung sind Temperaturen im Bereich von 300 °C – 400 °C erforderlich und der Preis ist mit Faktor 20 - 40 wesentlich höher als für die Standard- und Technischen-Thermoplaste. Eingesetzt werden diese Thermoplaste daher für Hochleistungsanwendungen mit geringen Produktionsmengen im Hochtemperaturbereich von Automobilen. Die Flugzeugindustrie verwendet diese Thermoplaste im Verbund mit Kohlenstofffasern zur Herstellung sehr leichter und fester Bauteile. Wegen der hohen Materialpreise und der aufwändigen Verarbeitung fehlt eine breitere Anwendung (vgl. [BAR07]).

## Hybridgarne und -textilien

Im Vergleich zu Organoblechen kann durch den Einsatz von Hybridtextilien eine kürzere Fertigungskette erreicht werden. Um kurze Fließwege und eine damit verbundene schnellere Imprägnierung der Verstärkungsfasern mit der thermoplastischen Matrix sicherzustellen, muss die Matrix so nah wie möglich an die Filamente gebracht werden. Hybride Textilstrukturen, welche neben den endlosen Verstärkungsfasern aus Kohlenstoff mit einer thermoplastischen Komponente für die Konsolidierung ausgestattet sind, lassen sich leicht zu Faserverbundbauteilen verarbeiten. Bei Commingling-Hybridgarnen sind beide Komponenten im Garnquerschnitt gut durchmischt, so dass die Fließwege zur Filamentbenetzung während der Konsolidierungsphase minimiert sind. Nachteilig sind jedoch kleine Filamentschädigungen und Orientierungsabweichungen innerhalb des Garns. Die Kohlenstofffilamente werden zusammen mit den Thermoplastfilamenten durch Luftdüsen verwirbelt und liegen anschließend nicht, wie in einen Roving, parallel zueinander (vgl.

[CHO01], [CHO05] und [DIE01]) und haben damit eine Reduzierung der möglichen Bauteilsteifigkeiten zur Folge.

Alternativ zu Hybridgarnen können durch paralleles Verarbeiten von Verstärkungs- und Thermoplastfasern hybride Flächenprodukte hergestellt werden. Je nach Verarbeitungstechnologie werden dabei im textilen Produkt die Verstärkungsfilamente gestreckt abgelegt. Aufgrund der heterogenen Struktur des Preforms ist die homogene Verteilung beider Werkstoffkomponenten im Bauteil schwer zu erreichen. Nur wenn die Prozessparameter beim Thermoformen genau auf den Aufbau des Hybridpreforms abgestimmt sind, können gute Bauteilkennwerte erzielt werden (vgl. [DIS92]).

In dem von der DFG finanzierten Sonderforschungsbereich „Textilverstärkte Verbundkomponenten für funktionsintegrierende Mischbauweisen bei komplexen Leichtbauanwendungen" werden die wissenschaftlichen Grundlagen und Methoden zur Entwicklung und Nutzung neuartiger Textilverbunde erarbeitet (vgl. [HUF03]). Zur Umsetzung der dort untersuchten Technologien und Anwendungen für Großserien sind jedoch zusätzliche bauteilgetriebene Untersuchungen notwendig, welche neben der textilen Verarbeitung die Kopplung zum Thermoformprozess anhand von erreichbaren Taktzeiten analysiert.

## Faseraufbau

Die belastungsgerechte Auslegung bzw. maximale Werkstoffausnutzung ist Voraussetzung, dass die besonderen Eigenschaftsvorteile der Verbundwerkstoffe voll zum Tragen kommen.

Während des textilen Vorformens (dem sog. Preforming) ist es bereits in einem frühen Prozessstadium möglich, das Fasergerüst an die räumlichen Kraftflüsse zu orientieren. Bei komplexen Bauteilbeanspruchungen, wie sie unter anderem an Lasteinleitungen auftreten, lassen sich mit konventionellen Textilien die Werkstoffeigenschaften der Verstärkungsfasern häufig nicht voll ausnutzen. Das TFP (Tailored Fibre Placement [1]) -Verfahren bietet ein großes Potenzial für eine effiziente Fertigung von belastungsgerecht ausgelegten Bauteilen aus Faserverbundwerkstoffen. Bei der TFP-Technologie werden Verstärkungsfasern

---

[1] Tailored Fibre Placement (engl.) = Maßgeschneidertes Faserablegen

in textilen Preforms kontinuierlich entsprechend den Beanspruchungsrichtungen abgelegt. Somit wird eine annähernd ideale textile Verstärkungsstruktur ermöglicht. Ein Stickautomat positioniert und fixiert die Fasern entsprechend der Kraftfluss- und Spannungsanalysen auf einem Stickgrund. Durch abgestimmtes Ablegen mehrerer aufgestickter Preforms kann sukzessive ein Halbzeug für ein mehrachsig belastbares Bauteil hergestellt werden (vgl. [WEI02], [MAT00]). Der Prozess ist hochautomatisiert und ermöglicht eine hohe Produktivität, da mehrere Stickköpfe nebeneinander angeordnet werden, die gleichzeitig auf einem gemeinsamen Stickgrund arbeiten können (vgl. [GLI04]).

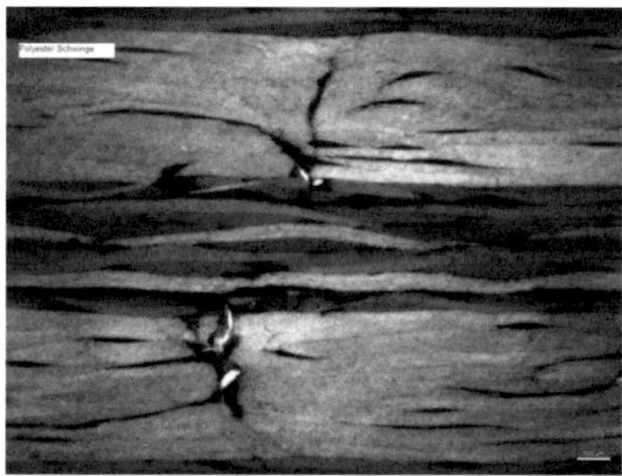


Abbildung 1: Schliffbild eines TFP-Bauteils mit Polyester-Nähfaden

Nachteilig sind Filamentschädigungen durch den Stickprozess, Faserondulationen und Harznester, die durch das Einbringen von Nähfäden entstehen. Die in unidirektionalen (UD) -Lagen verursachten Harznester sind in Abbildung 1 dargestellt. Zusätzlich gibt es Einschränkungen in der maximalen Lagenanzahl eines TFP-Preforms. Die Weiterverarbeitung zum Bauteil erfolgt häufig im personal- und zeitintensiven Harzinjektions- oder Harzinfusionsverfahren, so dass derzeitige Anwendungen auf Bauteile mit geringen Stückzahlen begrenzt sind.


## Tow-Placement

Konventionelle Tow-Placement Anlagen, wie sie von Cincinnati Machine Inc und CORIOLIS COMPOSITES TECHNOLOGIES S.A.S angeboten werden, setzen vor allem vorimprägnierte Fasern ein. Diese können auf thermoplastischen oder duromeren Matrixsystemen beruhen. Mit Anlagen der Firma Cincinnati werden Wiederholgenauigkeiten im Weg von +/- 0.3 mm erreicht. Für ein ausreichendes Anhaften der Fasern sind je nach Matrix Druckkräfte von 100 N bis zu 1500 N erforderlich. Ein robotergeführter Legekopf schafft mit einem 1/4'' breiten Garn eine Legeleistung von ca. 18 kg/h. Höhere Legeraten können durch eine Parallelisierung wie bei der Cincinnati Milacron's Viper erreicht werden, bei der bis zu 24 Garne parallel abgelegt werden.

Die Entwicklung und Erprobung von Trockenfaserlegeköpfen ist unter anderem Forschungsgegenstand bei EADS Deutschland, Eurocopter Deutschland und der CTC GmbH. In den vom BMWi geförderten Projekten LOKOST (vgl. [PIE09]) und FACT werden mit einem thermoplastischen Binder ausgestattete 1/4" breite Rovings auf einem Trägermaterial fixiert, über ein vakuum-unterstütztes Verfahren mit einer duromeren Matrix durchtränkt und anschließend ausgehärtet. Untersuchungen an gekrümmten Ablegebahnen haben gezeigt, dass bei Inplane-Radien von ca. 1,5 m bereits deutliche Faserwelligkeiten auftreten.

Abbildung 2: Trockenfaser-Legekopf der CTC GmbH und gekrümmte CF-
Ablegebahnen

Belastungsoptimierte Faserausrichtungen für komplexe Spannungsverläufe, wie sie im TFP-Verfahren umgesetzt werden können, sind mit dieser Technologie nicht realisierbar. Dies ist auf den prozesstechnisch erforderlich hohen Binderanteil im Roving zurückzuführen, der somit im Vergleich zu Commingled-Hybridgarnen eine deutlich höhere Steifigkeit des Rovings bewirkt. Eine Verschiebung der Filamente zueinander ist nicht möglich.

## Induktionstechnik

Die Grundlage der elektromagnetischen Induktionserwärmung bildet das im Jahr 1831 von Michael Faraday (1791-1867) entdeckte Induktionsgesetz. Der englische Physiker und Chemiker konstruierte den ersten Dynamo und gilt als Begründer der Elektrodynamik [ROH83]. Das Prinzip der induktiven Erwärmung wird heute zum Wärmebehandeln, Warmverformen, Oberflächenhärten, Glühen, Schmelzen/Umschmelzen, Schweißen und Löten von Metallen angewendet.

Realisiert wird diese durch das Transformatorprinzip, bei dem in einem Werkstück ein elektromagnetisches Feld mit der Erregungsfrequenz eingebracht wird. Ist das Werkstück elektrisch leitfähig, werden in diesem hierdurch Wirbelströme erzeugt, die aufgrund des Skineffektes in die Randschichten verdrängt werden [ZÜL10]. Diese Wirbelströme leisten am Ohm'schen Widerstand des Werkstücks Leistung, die in Form von Wärme frei wird. Vorteilhaft ist, dass die Wärme direkt in dem Werkstück erzeugt wird, das von dem elektromagnetischen Feld durchdrungen wird. Das Prinzip der induktiven Erwärmung ist in Abbildung 3 dargestellt.

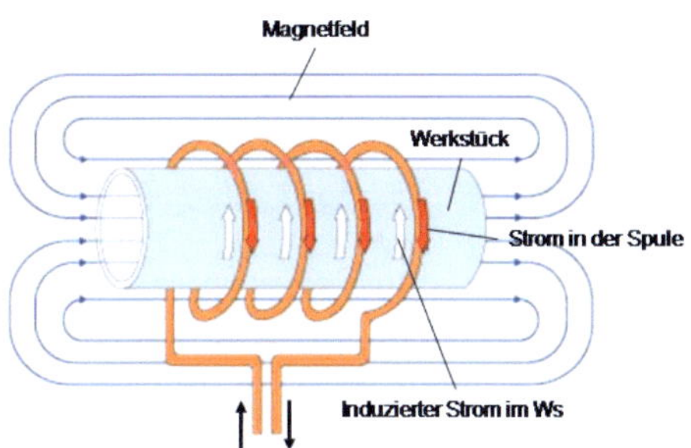


Abbildung 3: Prinzipskizze der induktiven Erwärmung [EWS12]

## Schmelzspinnen

Das Schmelzspinnen von PEEK Fasern unterscheidet sich nicht wesentlich vom Schmelzspinnen der Standardthermoplaste (u. A. PE, PP) und den technischen Thermoplasten (u. A. PA und PET).

Grundlegende Untersuchungen zur Spinnbarkeit von PEEK und den Einfluss der Prozessparameter auf die Fasereigenschaften wurden in Japan Ende der 80er Jahre und Anfang der 90er Jahre durchgeführt (vgl. [SHI87], [OHK89], [OHK90], [OHK93]). Der Einfluss der Spinndüsengeometrie wurde von Zhao et al. ebenfalls charakterisiert (vgl. [ZHA05]). Das im vorliegenden Projekt zu realisierende PEEK-Multifilament zielt jedoch nicht auf optimale mechanische Fasereigenschaften, sondern auf die Funktionalisierung der Fasern ab. Daher kann mit Standardprozessparametern zum Erspinnen der Fasern gearbeitet werden. Eine signifikante Erhöhung der Viskosität durch die Zugabe von nanoskaligen Eisenoxid (z.B. MagSilica®) kann ebenfalls durch Voruntersuchungen bei der Evonik Degussa GmbH ausgeschlossen werden, wodurch sich die Spinntemperatur im Bereich 370 °C – 400 °C bewegen wird.

Im Allgemeinen finden Mantel-Kern Bikomponentenfasern heute Anwendung in der Bekleidungs- und Möbelindustrie sowie der Filter- und Medizintechnik. Hierbei kann das Mantel/Kern-Verhältnis je nach Anwendung zwischen 1/99 und 50/50 liegen [HOU08]. Der Einsatz von Bikomponentenfasern als Bindefasern ist bereits bei der Vliesherstellung Stand der Technik. Hier werden jedoch Mantelkomponenten eingesetzt, die einen niedrigeren Schmelzpunkt als die Kernkomponenten aufweisen und somit direkt thermisch aktiviert werden können. Dies kann im Projekt nicht realisiert werden, da der Fasermantel auch zur späteren Matrix des Faserverbundbauteiles beiträgt und deshalb aus dem gleichen Polymer wie der Kern bestehen muss. Aus diesem Grund muss der Mantel selektiv über die Nano-Funktionalisierung angeregt und aufgeschmolzen werden. Dies wird induktiv erfolgen. Das hier verwendete System, bestehend aus einem funktionalisierten PEEK-Mantel und einem Standard-PEEK-Kern, findet in der Literatur bislang keine Erwähnung und MagSilica® ausgerüstetes PEEK wird im Projekt erstmalig zu Fasern versponnen. Hierbei muss die Neigung zur Abrasion der MagSilica® Partikel berücksichtigt werden. Dieses könnte bei einer reinen Faser aus modifiziertem PEEK zu Faserbrüchen führen, jedoch wird diesem Verhalten im Projekt auch durch die Mantel-Kern-Struktur der Fasern entgegengewirkt. Der nichtfunktionalisierte Kern würde in diesem System als Spinning Carrier wirken und den Fadenbildungsprozess unterstützen. Spinning Carrier zeigen gute Spinneigenschaften und werden in der Industrie immer dann eingesetzt, wenn ein Material ein schlechtes Spinnverhalten zeigt bzw. nicht spinnbar ist und dennoch zu Fasern weiterverarbeitet werden soll, indem sie dieses Material als Mantel umschließen oder als Trägerkern verwendet werden.

Im Hinblick auf die Hybridgarn-Herstellung und dessen Weiterverarbeitung zeigen die Untersuchungen im Rahmen der DFG-Forschergruppe FOR 278 "Textile Verstärkungen für Hochleistungsrotoren in komplexen Anwendungen" der TU-Dresden [HUF01, HUF02], dass für eine gute Durchtränkung und einen homogenen Faservolumengehalt im Bauteil der Durchmesser der Matrixfasern im Bereich der C-Fasern liegen sollte. Weiterführende Untersuchungen (vgl. [GOL07]) bestätigen, dass im Idealfall für eine optimale Durchtränkung und Homogenität der Durchmesser der Matrixfaser geringer als der Durchmesser der Verstärkungsfasern sein müsste. Solche feinen PEEK-Fasern mit Durchmessern im Bereich von 3 $\mu$m – 10 $\mu$m sind zu realisieren (vgl. [BRÜ03]). Wird jedoch eine Bikomponentenfaser betrachtet, so stellen die dafür benötigten geringen Fördermengen ein Problem dar, da die Mantelkomponente nur ca. 1/10 der gesamten Fördermenge ausmachen sollte.

Es bleibt festzuhalten, dass trotz des hohen technischen Potenzials der faserverstärkten Thermoplaste, diese aufgrund des teuren und aufwändigen Fertigungsprozesses für viele Anwendungen bisher nicht genutzt werden können. Beispielsweise fallen beim Einsatz von Organoblechen mehr als 30 % Produktionsabfälle an. Die textilen Faserstrukturen führen oft zu reduzierten Steifigkeiten und Festigkeiten im Bauteil, da es zu fertigungsbedingten Faserschädigungen und Ondulationen im Web- oder Nähprozess kommt. Bestehende Tow-Placement-Verfahren basieren auf teuren Halbzeugen, mit welchen nur große Inplane-Radien verwirklicht werden können.
Das Leichtbaupotenzial für Bauteile mit komplexen Spannungsverläufen wird daher nur unzureichend ausgenutzt.

# 3 Forschungsziel / Ergebnisse

## 3.1 Forschungsziel

Ziel des Forschungsvorhabens war die Entwicklung einer ressourceneffizienten Prozesskette zur Herstellung von Hochleistungsfaserverbundbauteilen auf Basis von neuartigen Hybridrovings und einem neuen Roving-Ablegeverfahren.
Die Hybridrovings bestehen hierbei aus funktionalisiertem Polyetheretherketon (PEEK) -Fasern und Kohlenstofffasern. Bei der Weiterverarbeitung werden mittels eines Ablegekopfes die mit Eisenoxid (MagSilica®) modifizierten PEEK-Fasern induktiv aktiviert und schmelzen dadurch auf. Während der Vorfixierung agiert hierbei die aufgeschmolzene Matrixkomponente als Binder. Hierdurch kann, im Gegensatz zum TFP-Verfahren mit Stickkopf, auf den Einsatz von Nähfäden verzichtet werden, die sonst zu Filamentschädigungen, Faserondulationen und Harznestern führen. Weiterführend besteht bei dem neuen Ablegeverfahren keine Limitierung in der Lagenanzahl, da die Lagen aufeinander geklebt und nicht vernäht werden müssen.
Die hohe Flexibilität des Hybridrovings ermöglicht des Weiteren sehr kleine Ablegeradien und ist somit dem Tow-Placement-Verfahren bei komplexen Bauteilgeometrien überlegen.

## 3.2 Forschungsergebnisse

Im nachfolgenden Abschnitt werden die Forschungsergebnisse aufgezeigt. Dies beinhaltet auf der Faserseite die Herstellung funktionalisierter PEEK-Fasern, die Analyse ihres induktiven Aufheizverhaltens und die Herstellung von Hybridrovings. Im Hinblick auf die Bauteilfertigung wird auf vorteilhafte Bauteilgeometrien und die Konstruktion eines Legekopfes eingegangen. Zusammen mit den Kenntnissen aus dem neu entwickelten Faserablegesystem und der werkstofflichen Charakterisierung ermöglicht dies einen Ausblick auf die wirtschaftliche Umsetzbarkeit.

### 3.2.1 Herstellung und Optimierung funktionalisierter Mantel-Kern-PEEK-Fasern mit Nanopartikel modifiziertem Fasermantel

Zur Faserherstellung kommen drei PEEK Typen (Vestakeep 1000P, 1000G, 2000G) und zwei MagSilica®-Typen (VP300 und HS) zum Einsatz. Die MagSilica®-Konzentrationen der zu untersuchenden Compounds lagen hierbei bei 15, 20 und 30 Gew.-%.

Das verwendete Materialsystem PEEK / MagSilica® wurde bisher noch nicht für Faseranwendungen eingesetzt. Umso wichtiger ist es, dass der Partikeleinfluss auf die thermischen Eigenschaften des PEEKs, das abrasive Verhalten der Partikel, sowie die unterschiedliche Wärmekapazität / -speicherung für die Faserherstellung berücksichtigt wird.
Wie Abbildung 4 zu entnehmen ist, wird durch den Einsatz der nanoskaligen Partikel die Kristallisationstemperatur herabgesetzt. Dieses nimmt Einfluss auf den Fadenbildungsprozess.

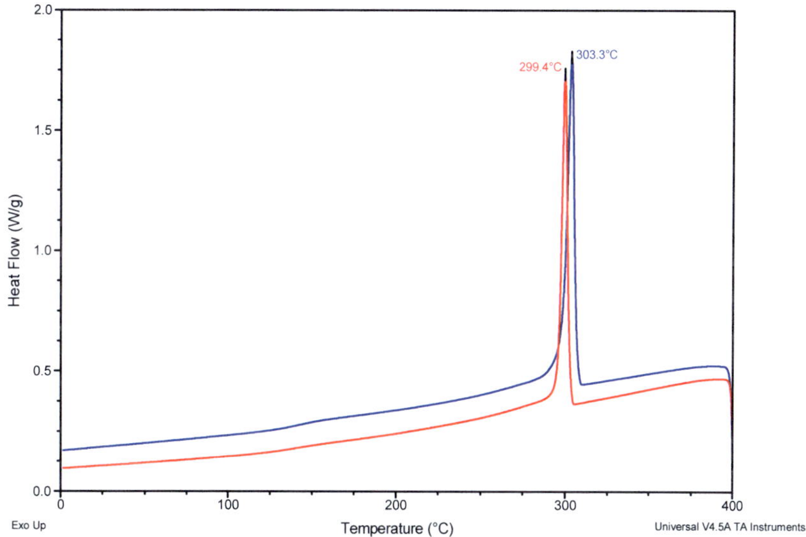


Abbildung 4: MagSilica®-Einfluss auf das Kristallisationsverhalten; blau: Vestakeep 2000G, rot: Vestakeep 2000G mit 30 Gew.-% MagSilica® VP300

Des Weiteren erniedrigt die Zugabe von MagSilica® die Viskosität der Spinnmasse, wodurch die Spinntemperatur angepasst werden muss (Abbildung 5), um Schmelzeabrisse beim Ausspinnen zu vermeiden. Aufgrund der Viskositätserniedrigung wurde sich für den Technikumsmaßstab dafür entschieden, dass ausschließlich die mittelviskose PEEK Type 2000G modifiziert wird.

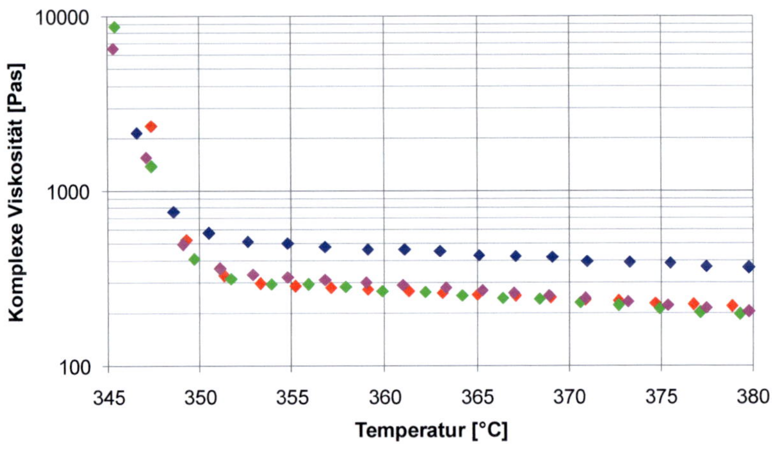


Abbildung 5: Einfluss von MagSilica® VP300 auf die Viskosität

Unter Berücksichtigung dieser signifikanten Einflüsse ist es durch die Anpassung der Spinnparameter möglich, komplett modifizierte PEEK-Filamente (Durchmesserbereich 40 μm) herzustellen.

Abbildung 6: Modifiziertes PEEK-Multifilamentgarn (30 Gew.-% MagSilica®
VP300)

Die Wickelgeschwindigkeiten lagen hierbei überwiegend bei 330 m/min um die Fasern auf die späteren Hybridrovings abzustimmen. Mit einem erreichten Spinnverzug von 130 liegt die Produktion dieser neuen Faser im textiltypischen Bereich, so dass eine Überführung in den Industriemaßstab schnell möglich wäre.

Die mechanischen Eigenschaften der produzierten Fasern liegen dabei unterhalb derer unmodifizierter PEEK-Filamente, sind aber ausreichend für die textile Weiterverarbeitung (Tabelle 1). Eine zu 30 % modifizierte PEEK-Faser liegt in der Festigkeit immer noch im Bereich des reinen Polymers [EVO11].

Tabelle 1: PEEK- und nano-modifizierte PEEK-Filamenteigenschaften

| Material | Dichte [g/cm³] | Festigkeit | | Steifigkeit | | max. Dehn-ung [%] | Schrumpf* [%] |
|---|---|---|---|---|---|---|---|
| | | [cN/tex] | [MPa] | [N/tex] | [GPa] | | |
| VESTAKEEP 2000G | 1,30 | 20,9 | 271 | 1,369 | 1,78 | 251 | 12,6 |
| VESTAKEEP 2000G mit 15 Gew.-% MagSilica VP300 | 1,79 | 8,8 | 158 | 1,212 | 2,17 | 220 | 13,5 |
| VESTAKEEP 2000G mit 30 Gew.-% MagSilica VP300 | 2,28 | 4,7 | 107 | 1,167 | 2,66 | 116 | 5,1 |
| VESTAKEEP 2000G mit 15 Gew.-% MagSilica HS | 1,81 | 8,6 | 156 | 0,994 | 1,80 | 257 | 3,2 |
| VESTAKEEP 2000G mit 30 Gew.-% MagSilica HS | 2,32 | 4,0 | 93 | 0,849 | 1,97 | 188 | 0,2 |

* Bestimmung am Garn, Vorspannkraft in TMA von 0,025 N; textiltechnisch üblich: 5 mN/tex (entspricht ca. 0,7 N)

Eine Ursache für die niedrigere Festigkeit sind Agglomerate innerhalb der Filamente (Abbildung 7). Dies ist auf die Compoundherstellung zurückzuführen, die noch nicht optimiert ist, da innerhalb des Projektes erstmalig mit so hohen Füllgraden gearbeitet wurde. Trotz dieser Einschlüsse lief der Spinnprozess jedoch stabil und ohne Filamentbrüche.

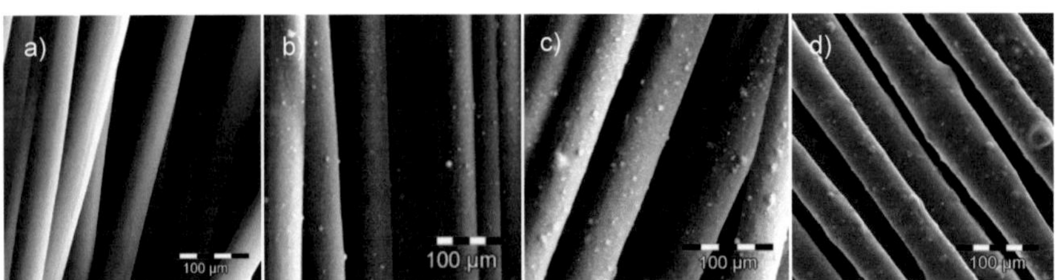


Abbildung 7: Rasterelektronenmikroskopische Darstellung gefertigter PEEK-Fasern a) 2000G, b) mit 15 Gew.-% VP300, c) mit 30 Gew.-% VP300 und d) mit 30 Gew.-% HS

Da die Festigkeit für die weiterführenden Untersuchungen nur eine untergeordnete Rolle spielt, wurde auf die weitere Optimierung verzichtet. Der Fokus lag, im Hinblick auf die Weiterverarbeitung, in der Minimierung des Schrumpfes.

Durch die Optimierung der Spinnparameter konnte der Schrumpf modifizierter PEEK-Fasern auf unter 0,2 % reduziert werden. Vom Schrumpf initiierte Faserwelligkeiten der Verstärkungsfaser können somit beim späteren Aufschmelzen der Fasern vermieden werden.

Um den MagSilica®-Anteil zur Initiierung der Thermofixierung möglichst gering zu halten (Dichteanstieg, Fremdkörper im System) wurden im nächsten Schritt Mantel-Kern Fasern hergestellt (Abbildung 8 und Abbildung 9).

Abbildung 8: Rasterelektronenmikroskopische Darstellung von Biko-PEEK Fasern

Abbildung 9: $\mu$-CT-Aufnahme der Mantel-Komponenten von Biko-PEEK Fasern

Hierbei kam es jedoch zu unerwarteten Problemen, so dass eine kontinuierliche Produktion für weiterführende Untersuchungen nicht möglich war. Aufgrund des Aufbaus des vorhandenen Mantel-Kern-Düsenpaketes kristallisierte die modifizierte Komponente, aufgrund von Totvolumina innerhalb der Düse, bereits in der Düse aus und führte zu einem Verstopfen nach kürzester Zeit. Ein angepasster Düsenaufbau würde dies verhindern (war im Projekt nicht vorgesehen) und die gezielte Herstellung von Mantel-Kern-Fasern ermöglichen. Zudem stellt normalerweise die Herstellung von komplett modifizierten Fasern aufgrund des hohen Füllgrades die Herausforderung dar, da kein unmodifizierter Kern als Spinning Carrier agieren kann.

Für die weiterführenden Untersuchungen zum Aufheizverhalten und zur Hybridgarnherstellung wurden daher komplett modifizierte PEEK-Fasern herangezogen.

### 3.2.2 Induktionsuntersuchungen zum Aufheizverhalten modifizierter PEEK-Fasern

Das Aufheizverhalten der nano-modifizierten PEEK-Fasern wurde mit einem 6.0 kW transistorisierten Hochfrequenz-Umrichters der Baureihe SINUS 52 (Himmelwerk) untersucht. Zur Analyse des Aufheizverhaltens wurde ein Hochgeschwindigkeits-Thermografiesystem der Firma Flir mit 100 Bildern pro Sekunde eingesetzt. Der Versuchsaufbau ist in Abbildung 10 dargestellt.

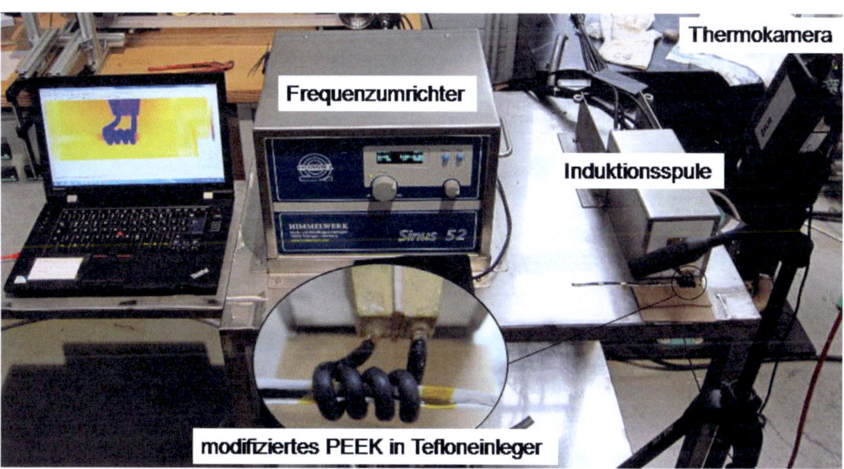


Abbildung 10: Versuchsaufbau für das induktive Aufheizverhalten modifizierter PEEK-Fasern

Mit dem HF-Umrichter lassen sich unterschiedlichste Formen an Induktionsspulen betreiben, wie sie beispielhaft in Abbildung 11 dargestellt sind. Die verwendete wassergekühlte Induktionsspule hat einen Innendurchmesser von 6 mm bzw. 10 mm und eine Länge von jeweils 22 mm. Die Versuche wurden mit einer Frequenz von 1556 kHz und 1882 kHz betrieben.

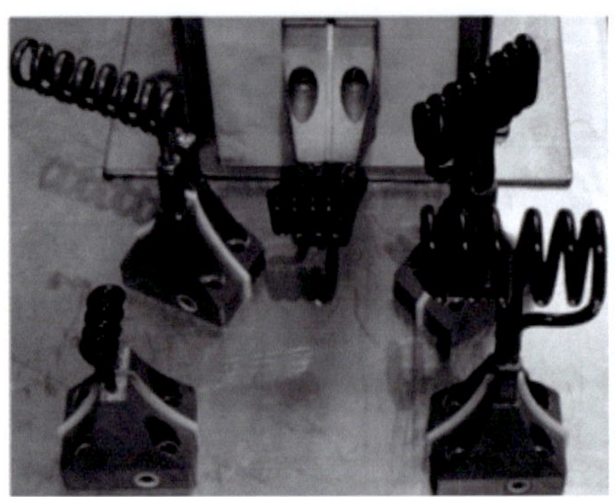

Abbildung 11: Geometrievarianten von Induktionsspulen

Abbildung 12 zeigt das mit der Thermografie-Kamera aufgenommene statische Aufheizverhalten vier unterschiedlicher nanomodifizierter PEEK-Garne bei einer Frequenz von 1882 kHz. Die MagSilica®-Type HS erreicht von Raumtemperatur aus das vollständige Aufschmelzen des PEEKs bei 360°C nach 0,49 s (30 Gew.-%) beziehungsweise nach 1,20 s (15 Gew.-%). Die etwas langsamere MagSilica®-Type VP 300 erreicht 360°C nach 0,70 s (30 Gew.-%) beziehungsweise nach 2,58 s (15 Gew.-%). Die angegeben Werte ergeben sich aus einer gemittelten Dreifachbestimmung.

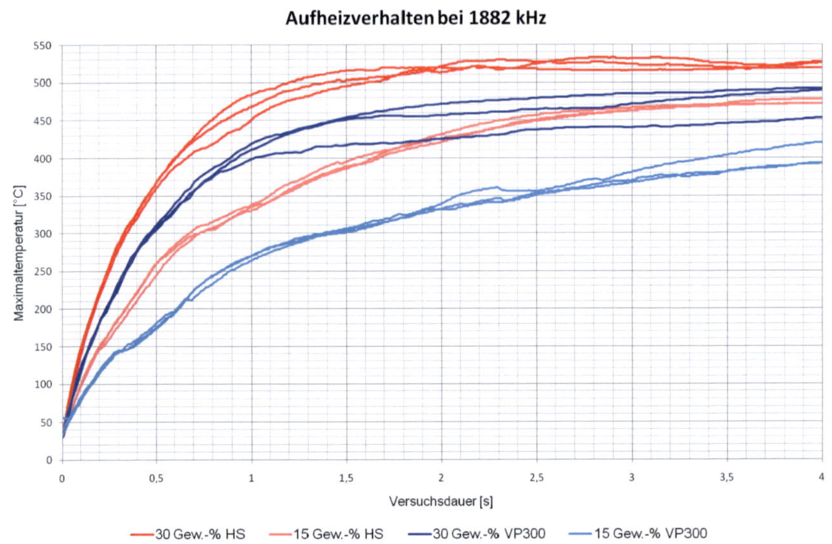


Abbildung 12: Statisches Aufheizverhalten modifizierter PEEK-Filamente in Abhängigkeit der MagSilica® Type und Konzentration

Hieraus lässt sich für PEEK eine mittlere Aufheizrate von 130 - 680 K/s errechnen. Bereits die Aufheizrate der Probe mit 15 Gew.-% HS (280 K/s) übertrifft das gesetzte Ziel von 200 K/s.

Die erreichbaren Aufheizraten sind dabei frequenz- (Abbildung 13) und leistungsabhängig (Abbildung 14). Hierbei ist die Frequenzabhängigkeit stärker zu gewichten, da die Frequenz durch die Spulengeometrie vorgegeben wird. Je kürzer eine Spule ist und je kleiner deren Durchmesser, desto höher ist die Frequenz. Für MagSilica® HS modifiziertes PEEK scheint die Erhöhung der Aufheizzeit bis zum Erreichen des Aufschmelzens unabhängig vom MagSilica®-Anteil zu sein. Sowohl für 30 Gew.-% als auch für 15 Gew.-% kommt es zu einer Erhöhung um 0,2 s bei einer Reduzierung der Frequenz von 1882 kHz auf 1568 kHz. Ob dieses auf den gesamten Frequenz- und Füllgradbereich zutrifft, müsste in weiterführenden Untersuchungen geklärt werden.

Bei der Leistungsabhängigkeit kann davon ausgegangen werden, dass ab 60% der Geräteleistung kein Einfluss mehr auf das Aufheizverhalten genommen werden kann.

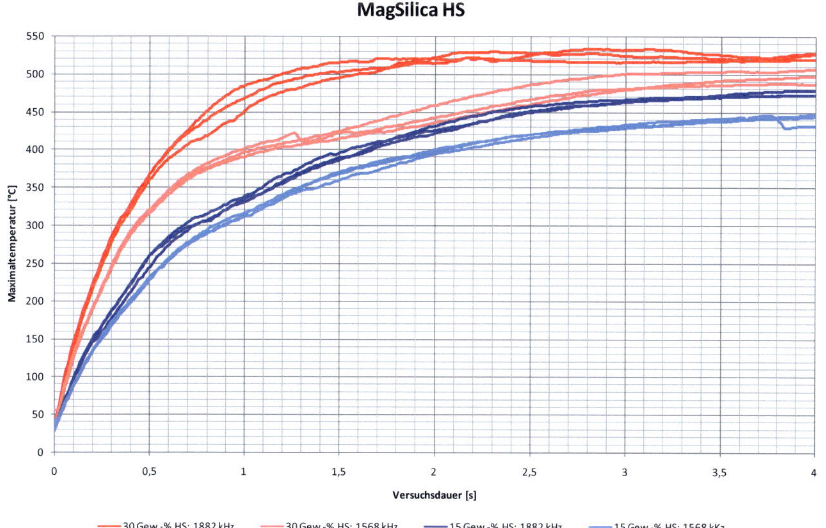


Abbildung 13: Statisches Aufheizverhalten HS modifizierter PEEK-Filamente in Abhängigkeit der Spulenfrequenz

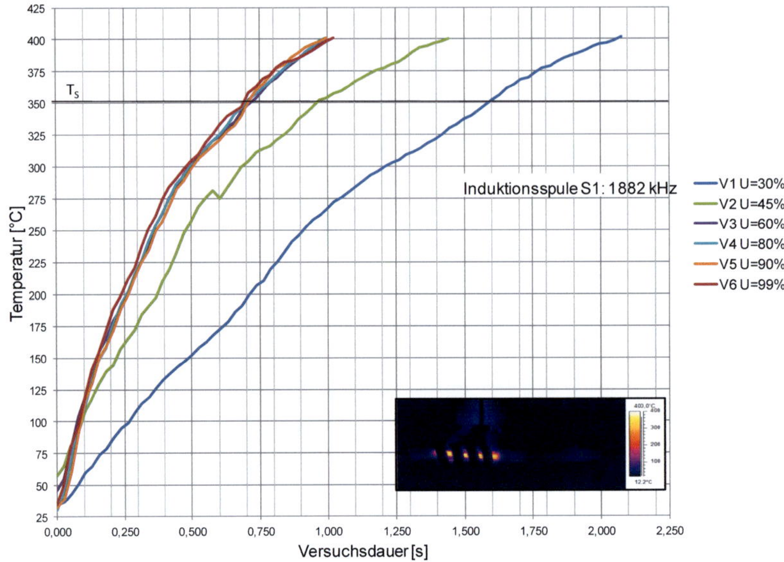


Abbildung 14: Statisches Aufheizverhalten VP300 modifizierter PEEK-Filamente in Abhängigkeit der Spulenleistung

### 3.2.3 Hybridroving-Herstellung

Die unmodifizierten und MagSilica® modifizierten PEEK-Fasern wurden in zwei unterschiedlichen Verfahren mit einem HTS 45 P12 12k Roving der Firma Toho Tenax Europe GmbH kombiniert. Der Titer der unterschiedlichen PEEK-Fasern wurde jeweils so eingestellt, dass sich nach der Konsolidierung ein Faservolumengehalt von 50 % einstellt. Für den Ablegeprozess muss das Hybridgarn nach dem Aufschmelzen der modifizierten PEEK-Komponenten einen ausreichenden Zusammenhalt im Garn aufweisen, damit ein kontinuierlicher Materialvorschub durch die Induktionsspule gewährleistet werden kann.

Um eine leichte Abgrenzung der thermoplastischen Fasern zu den Kohlenstofffasern im Hybridgarn zu ermöglichen, wurden die Versuche zunächst mit Titandioxid modifiziertem PA6-Fasern in Kombination mit Kohlenstofffasern durchgeführt.

## Luftverwirbelte Hybridgarne

Um eine möglichst homogene Verteilung der Thermoplastfasern und der Kohlenstofffasern zu erreichen, wurden an einer Texturiermaschine (Firma Dietze + Schell Maschinenfabrik GmbH & Co) mit unterschiedlichen Düsenformen (Firma RPE Technologies GmbH) luftverwirbelte Hybridgarne gefertigt.

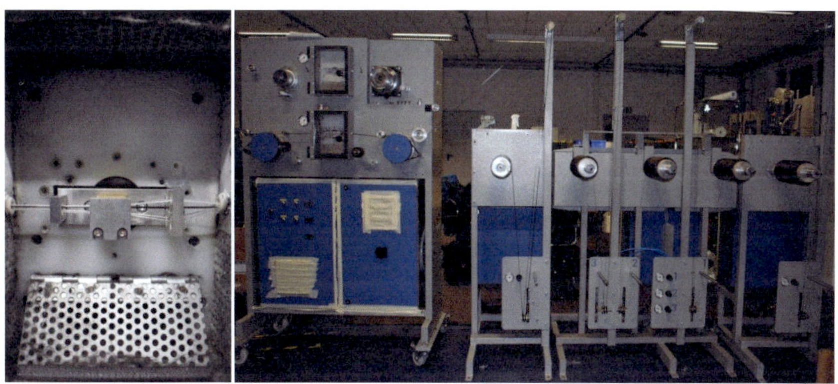

Abbildung 15: Versuchsaufbau zur Hybridgarnfertigung mittels
Luftverwirbelung

Um die unterschiedlichen Filamentsteifigkeiten von Kohlenstofffasern und PEEK- bzw. PA6-Fasern im Verwirbelungsprozess kompensieren zu können, wurden die Garne mit unterschiedlichen Fadenspannungen vor der Verwirbelungseinheit beaufschlagt. Hierzu kamen motorengetriebene Abrollgatter zum Einsatz. Die Kohlenstofffasern wurden mit ca. dreifach höherer Fadenspannung beaufschlagt als die Thermoplastfasern. Die Verwirbelungsdrücke wurden im Bereich von 0,7 bar bis 2,0 bar variiert.

Von den Düsentypen B05, B06/2, B5577 und BXX konnte die besten Ergebnisse mit Düse B06/2 erzielt werden.

Tabelle 2: Auswahl eingesetzter Verwirbelungsdüsen der Firma RPE

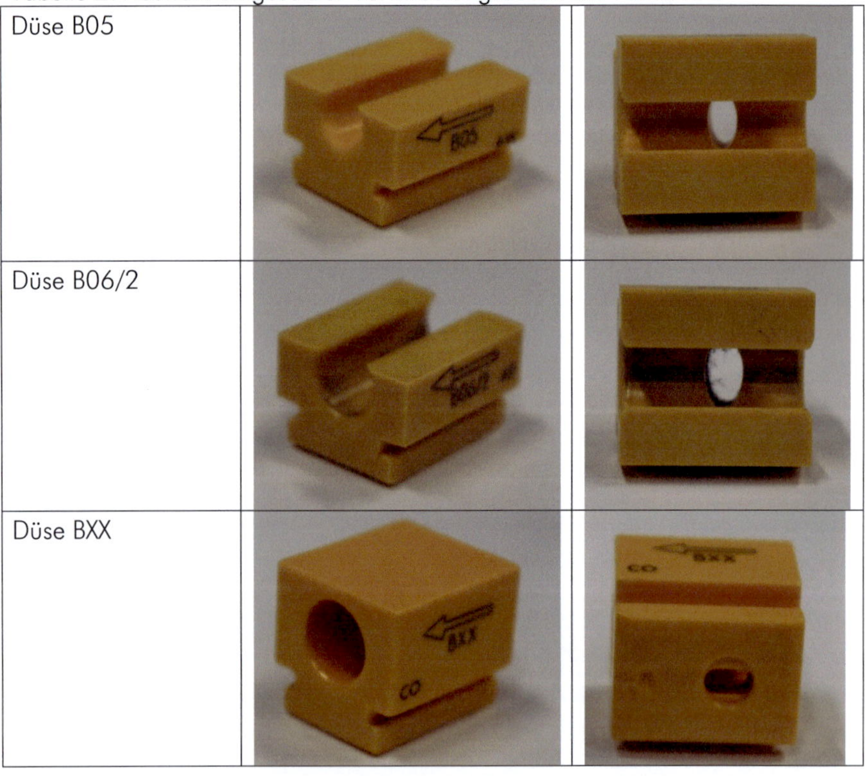

| Düse B05 | | |
| --- | --- | --- |
| Düse B06/2 | | |
| Düse BXX | | |

Qualitativ hochwertige Hybridgarne konnten mit den beschriebenen Parametern jedoch nicht gefertigt werden (Abbildung 16 und Abbildung 17). Die hergestellten luftverwirbelten Hybridgarne ließen sich in zwei Kategorien einteilen:

a) Thermoplast- und Kohlenstofffasern sind unzureichend verbunden und keine homogene Durchmischung liegt vor oder

b) Hohe Anzahl von Filamentbrüchen bei den Kohlenstofffasern und starke Ondulationen der Filamente im Garn.

Abbildung 16: Luftverwirbelte PA6-CF-Hybridgarne

Abbildung 17: Luftverwirbelte MagSilica®-PEEK-CF-Hybridgarne

## Umwindegarne

Als zweite Variante wurden an einer Präzisions-Kreuzspulmaschine (Dietze und Schell) unterschiedliche Umwindegarne hergestellt. Wie bei den Luftverwirbelungsversuchen wurden alle Garne vom motorangetriebenen Abrollgatter abgezogen und bis zur Umwinde-Einheit getrennt geführt. Als Umwindegarn wurde ein am FIBRE gefertigtes 100 dtex PEEK-Garn (Vestakeep 1000G) eingesetzt.

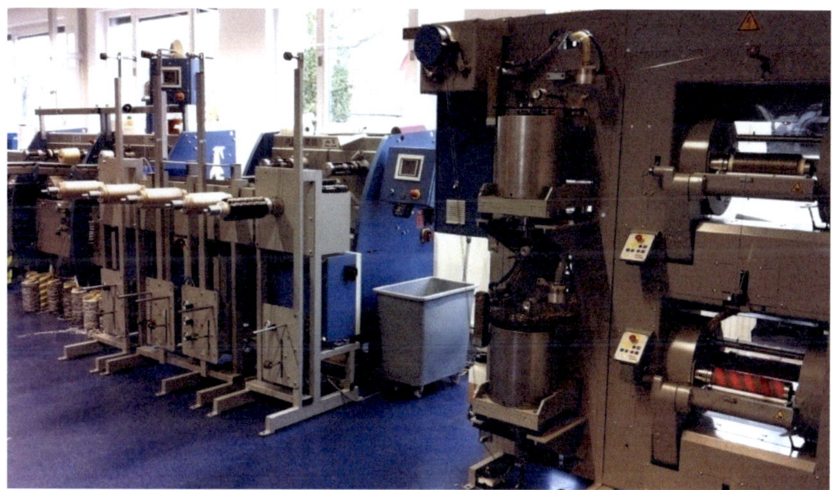

Abbildung 18: Versuchsaufbau zur Umwindegarn-Fertigung bei der Firma
Dietze und Schell

Die Produktion erfolgte mit 100 und 120 Umwindungen pro Meter bei
Abzugsgeschwindigkeiten von 75 Metern pro Minute.

Abbildung 19: Gefertigte PEEK-CF-Hybrid-Umwindegarne

Dieser Prozess kann weitestgehend ohne eine Schädigung der C-Faser ablaufen. Die Ausrichtung der Fasern bleibt nahezu komplett erhalten. Im Vergleich zu dem Verwirbelungsprozess ist jedoch ein zusätzlicher Umwindefaden erforderlich.

Die besten Hybridgarne konnten mit einer bis zur Umwindeeinheit getrennten Führung der Thermoplast- und Kohlenstoffgarne erzielt werden.

Abbildung 20: PEEK- und CF-Zufuhr vor der Umwindeeinheit

## 3.2.4 Bauteilspezifikation und Bauteilauslegung

In Zusammenarbeit mit den Mitgliedern des Projektbegleitenden Ausschusses wurden unterschiedliche Anwendungsmöglichkeiten der entwickelten Technologie identifiziert. Abbildung 21 zeigt substituierbare Metallstrukturen aus der Luftfahrt, wie Halteelemente (a) und b)) und Fensterrahmen (c) und d)), dem Fahrzeugbau (e)) und dem Sportbereich (f)). In Abbildung 21 b) und c) werden an der Forschungsstelle gefertigte Lösungsmöglichkeiten für Hybridpreforms und in Abbildung 21 d) und f) konsolidierte CFK-Strukturen des FIBRE aus belastungsoptimierten Hybridpreforms gezeigt [SCH12].

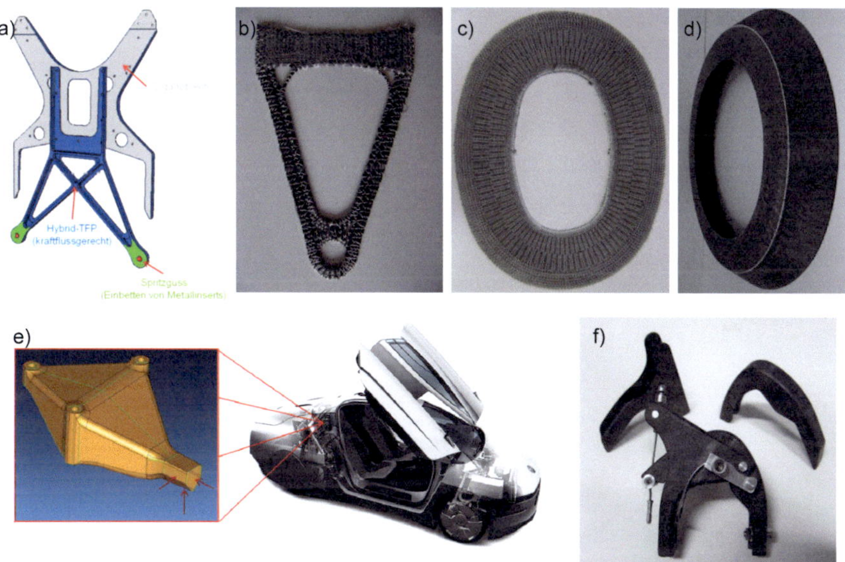


Abbildung 21: Anwendungsmöglichkeiten der entwickelten Technologie:
a) Hatrack Bracket, b) TFP-Preform für Hatrack Bracket, c) TFP-Hybridpreform für einen Fensterrahmen, d) CFK-Ringstruktur, e) Getriebestütze VW XL1 und f) Rennradbremse aus TFP-Hybridpreforms

Die untersuchten funktionalisierten PEEK-Compounds wurden im Labormaßstab gefertigt. Nach Aussagen der Großchemie kann bei einer industriellen Anwendung MagSilica® modifizierte PEEK auf dem Preisniveau von unmodifizierten PEEK liegen. Die Anwendungen werden nicht ausschließlich im Hochleistungsbereich auf Basis einer PEEK-Matrix gesehen.

Auch wenn bei deutlich günstigeren Thermoplasten wie PPS oder PA12 durch die nanoskalige Funktionalisierung mit einer Preissteigerung des Matrixwerkstoffes zu rechnen ist, sollte der energie-, material- und zeiteffiziente Fertigungsprozess eine wirtschaftliche Umsetzung ermöglichen.

Um detailliertere Aussagen über spezifische Einsatzmöglichkeiten der Technologie treffen zu können, ist ergänzendes Wissen sowohl über das Verarbeitungs- und Umformverhalten der neuartigen Hybridpreforms als auch über alle auslegungsrelevanten Kennwerte erforderlich.

## 3.2.5  Konstruktion und Fertigung des Legekopfes

Die Anforderungen an den Induktions-Legekopfes sehen eine sichere Hybridgarnzufuhr, eine Garnschneidevorrichtung und eine geschickte Anordnung der Induktionsspule vor.

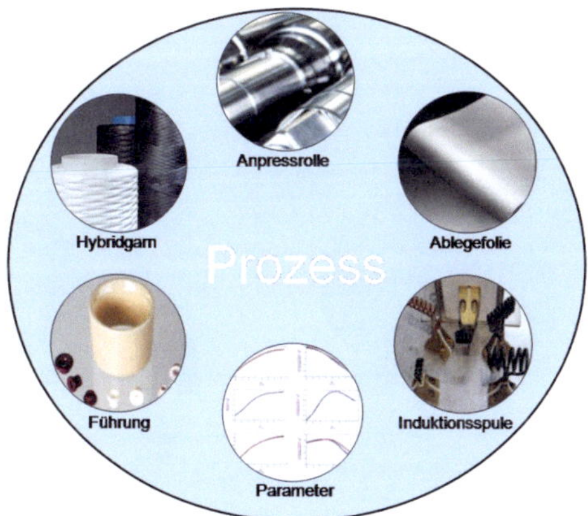


Abbildung 22: Einflussfaktoren auf den Ablegeprozess

Um ein Nachrüsten bestehender TFP-Anlagen zu ermöglichen, sollte die Bauform möglichst kompakt gehalten werden. Eine schematische Darstellung der Funktionselemente des Legekopfes zeigt die folgende Abbildung.

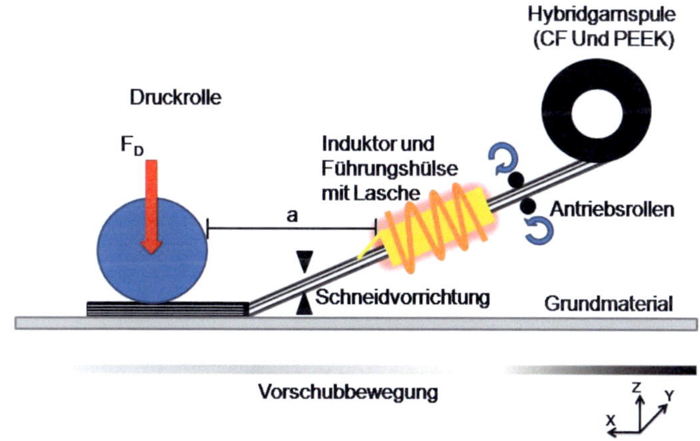


Abbildung 23: Prinzipskizze des entwickelten Konzeptes

Wie bei marktüblichen TFP-Anlagen wurde die Faservorratsspule direkt in den Legekopf integriert, um auch Faserverläufe mit mehreren Kopfdrehungen ablegen zu können. Die Induktionsspule wurde so angeordnet, dass der folgende Weg zur Andrückrolle möglichst kurz gehalten ist. Um Verunreinigungen durch aufgeschmolzenes PEEK oder Kurzschlüsse durch Kohlenstofffilamente in der Induktionsspule zu vermeiden, wurde ein isolierendes PTFE-Röhrchen integriert. Ab der Induktionsspule läuft das Hybridgran ohne weitere Umlenkungspunkte zur Andrückrolle.

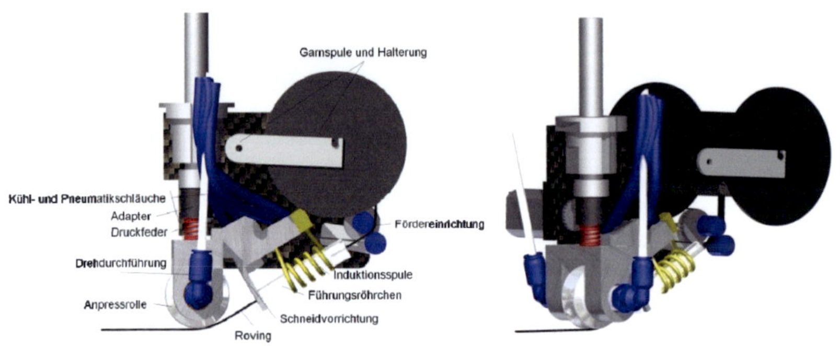


Abbildung 24: Legekopf mit Komponentenbezeichnung

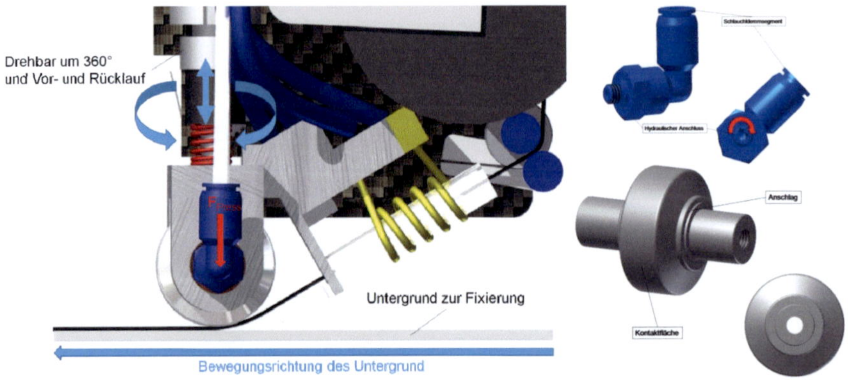


Abbildung 25: Wassergekühlte Anpressrolle und eingesetzte L-Rotations-
Steckverschraubung QSRL-M5-4 der Firma Festo

Die metallische Andrückrolle ist mit einer Wasserkühlung ausgestattet, um einer Erwärmung durch die aufgeschmolzenen PEEK-Fasern im Betrieb entgegenzuwirken. Um nicht nur kontinuierliche Faserverläufe ablegen zu können, wurde eine Garn-Schneideeinrichtung in der Konstruktion integriert. Diese wurde zwischen Induktionsspule und Andrückrolle angeordnet.

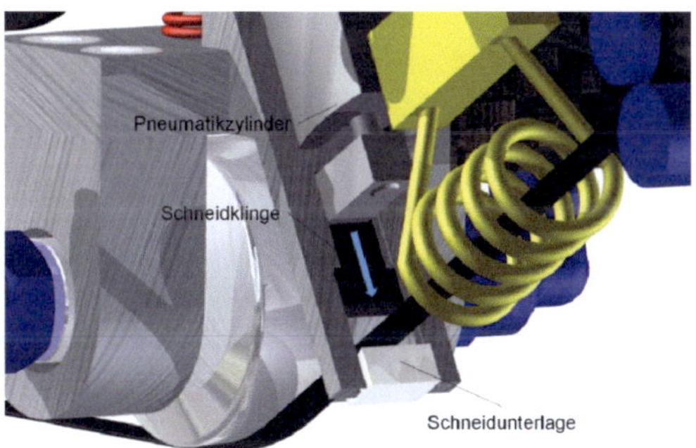


Abbildung 26: Schneidvorrichtung am Legekopf

Um nach einem Schneidevorgang den Legeprozess ohne manuelles Eingreifen erneut starten zu können, wurde für den Legekopf ein zuschaltbares Antriebssystem entwickelt. Dieses ist im Einsatz, bis das geschnittene Hybridgarn wieder unter der Andrückrolle gefördert wird.

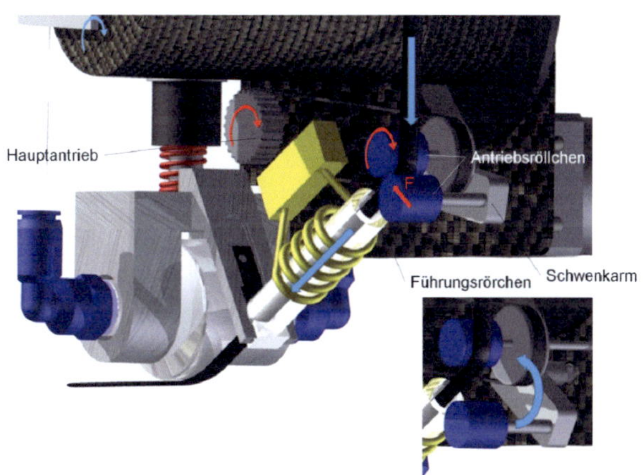


Abbildung 27: Hybridgarnförderung nach Schneidevorgang mit zuschaltbarer Antriebsrollen

Die für die Versuche zur Verfügung stehende Induktionseinheit der Baureihe Sinus 52 der Firma Himmelwerk besteht aus einem transistorisiertem HF-Umrichter und einem Außenschwingkreis mit Induktor, wie es in der folgenden Abbildung dargestellt ist.

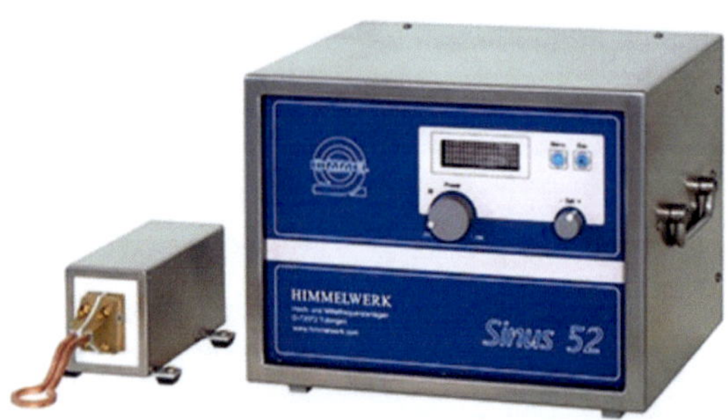

Abbildung 28: Sinus 52 mit HF-Umrichter, Induktorhalterung und Induktor von Himmelwerk [EWS12]

Nach Angaben von Himmelwerk ist eine Teilung des wassergekühlten Außenschwingkreises technisch möglich, so dass die Induktionsspule separat, wie in den Konstruktionszeichnungen beschrieben, am Legekopf integriert werden kann. Wegen des begrenzten Projektbudgets konnte im Rahmen des Projektes eine derartige Sonderanfertigung jedoch nicht eingesetzt werden. Die großen Abmessungen des eingesetzten Außenschwingkreises von 120 mm x 140 mm x 240 mm und das Gewicht von 7 kg verhinderten die praktische Umsetzung der geplanten kompakten Bauform. Anstelle der Integration des Legekopfes an eine TFP-Anlage, wurde der gefertigte Legekopf an einer durch Galetten angetriebenen Ablegefolie installiert.

Dieser Aufbau ermöglicht jedoch nicht die Ablage von komplexen Faserverläufen, so dass auf die Umsetzung der entwickelten Schneideeinheit verzichtet wurde.

## 3.2.6 Fertigung von Hybridpreforms

Nach Analyse des statischen Aufheizverhaltens wurde das kontinuierliche Aufschmelzen der Thermoplastkomponente der gefertigten Hybridgarne untersucht. Die Hybridgarne wurden berührungsfrei durch die Induktionsspule gezogen und mittels einer gekühlten Andrückrolle auf einer kontinuierlich geförderten Thermoplastfolie abgelegt.

Zur Steuerung der Abzugsgeschwindigkeit und Analyse des kontinuierlichen Aufheizverhaltens wurde, wie bei den statischen Versuchen, eine Theromografiekamera eingesetzt. Der Versuchsaufbau ist in Abbildung 29 dargestellt.

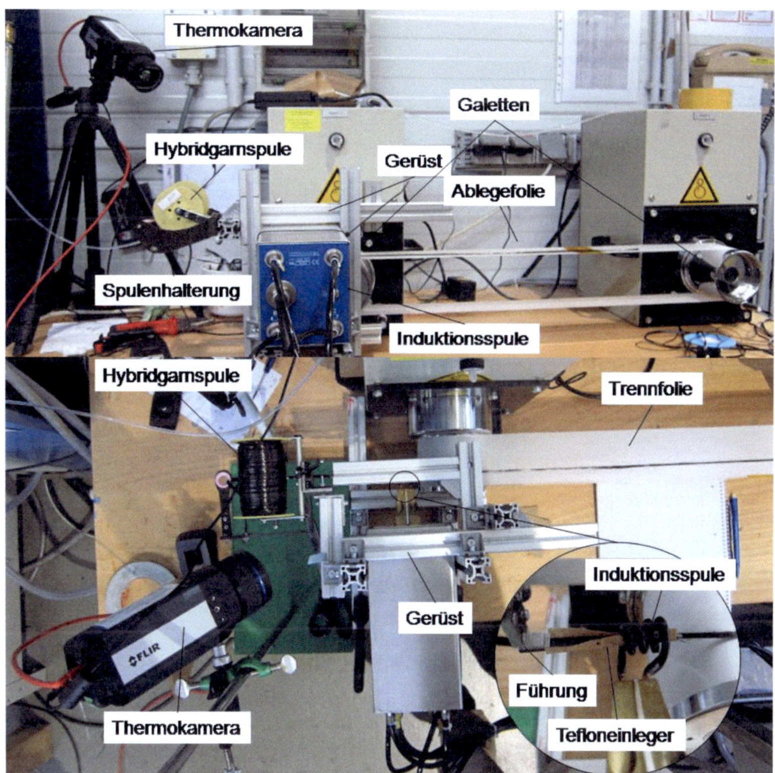


Abbildung 29: Versuchsaufbau zur induktionsbetriebenen Faserablage

Bei dem Betrieb von hochfrequenten Induktionsspulen sind spezielle Sicherheitsaspekte zu berücksichtigen. Die eingesetzte Induktionsspule induziert in leitenden Materialien lebensgefährliche Ströme, erwärmt die betroffene Struktur und kann sie zum Schmelzen bringen. Im direkten Umfeld der Spule sollten daher keine leitenden wie z. B. metallische Materialien eingesetzt werden. Die Kohlenstofffasern werden ebenfalls angeregt, so dass alle mit den Fasern in Kontakt stehenden Komponenten entsprechend gesichert sein müssen und Personenkontakt ausgeschlossen sein muss. Durch den Einsatz nichtleitender Verstärkungsfasern kann das Sicherheitsrisiko auf das direkte Spulenumfeld beschränkt werden.

Abbildung 30 zeigt die eingesetzte wassergekühlte Andrückrolle. Wegen der beschriebenen Ströme wurden die metallische Rolle und der übrige Legekopf an eine isolierte Halterung angebracht.

Abbildung 30: Wassergekühlte Andrückrolle im Betrieb

Abbildung 31 zeigt ein Foto und eine Thermografie-Aufnahme des Umwindegarns U12 (CF+4*30% VP300) welches mit 1882 KHz und 1,4 m/min Abzugsgeschwindigkeit abgelegt wird.

Abbildung 31: Foto (oben) und Thermografie-Aufnahme (unten) vom Garn
U12 (CF+4*30% VP300) mit 1882 KHz und 1,4 m/min
Abzugsgeschwindigkeit

Die Auswertung der Thermografieaufnahmen bestätigt die Aufheizraten der
zuvor durchgeführten statischen Versuche. Sowohl die hergestellten
luftverwirbelten Hybridgarne (Abbildung 32) als auch die hergestellten
Umwindegarne (Abbildung 33) lassen sich im Labormaßstab prozesssicher
verarbeiten. Die folgenden Diagramme zeigen für jeden Zeitpunkt die
gemessene Maximaltemperatur. Wegen der inhomogenen Verteilung der
modifizierten PEEK- und CF-Fasern werden starke Temperaturschwankungen
angezeigt, da mitunter Kohlenstofffasern die Sicht auf die aufgeschmolzenen
PEEK-Fasern verdecken.

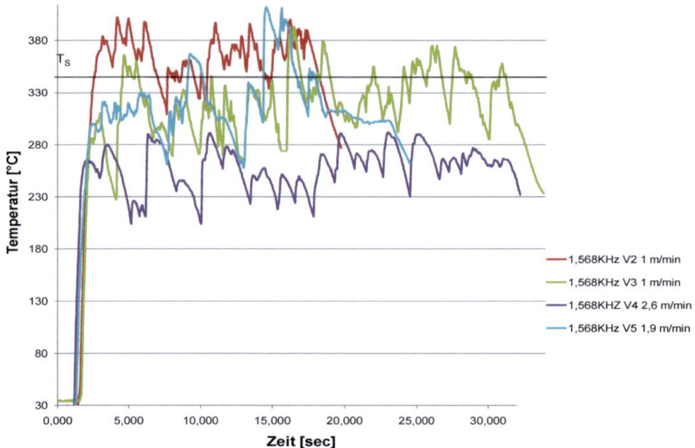

Abbildung 32: Kontinuierliches Aufheizverhalten PEEK-CF luftverwirbeltes Hybridgarn VP300, Frequenz von 1568 kHz

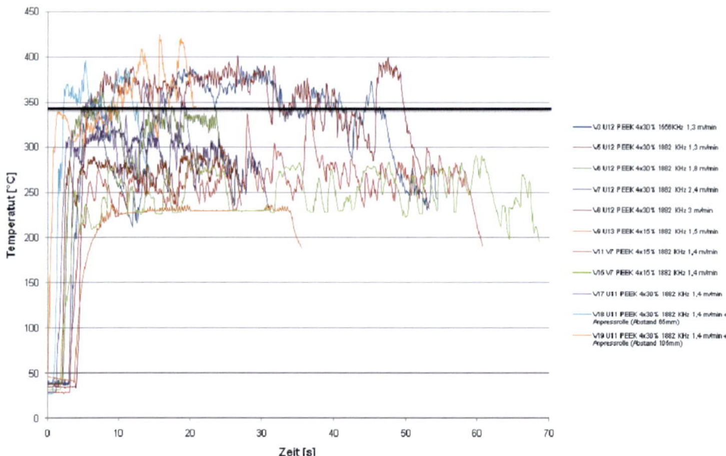

Abbildung 33: Kontinuierliches Aufheizverhalten PEEK-CF, Frequenz 1568 und 1882 kHz Umwinde-Hybridgarn

Da sich wegen der im Kapitel Konstruktion und Fertigung des Legekopfes beschriebenen Umsetzungsprobleme eines variablen induktiv aktivierten Legekopfes keine normgerechten Probekörper fertigen ließen, wurde für das Preforming auf die TFP-Technologie zurückgegriffen. Die gefertigten Umwindegarne als auch die luftverwirbelten Garne wurden, wie in Abbildung 34 dargestellt, zu Hybridpreforms verarbeitet.

Abbildung 34: TFP-Hybridpreformfertigung (links) und abgelegter CF-PEEK-
UD-Preform (rechts)

## 3.2.7 Thermoformen

In diesem Arbeitspaket wurde das Konsolidierungsverhalten im Thermoform-Prozess analysiert. Zur Konsolidierung wurde eine beheizbare Unterkolben-Rahmenpresse KV 214 der RUCKS Maschinenbau GmbH mit einem Tauchkanten-Plattenwerkzeug mit den Abmessungen 319 mm x 219 mm eingesetzt. Die Hybridpreforms werden hierbei in das Werkzeug eingelegt und nach dem Schließen des Werkzeugs erfolgt der Temperatureintrag über die Werkzeugflächen und die Erhöhung des Druckes. Nach einer materialspezifischen Konsolidierungszeit erfolgt das Abkühlen auf Entformungstemperatur. Die Bewertung der Qualität der mittels Tailored Fibre Placement Technologie gefertigten PA6- und PEEK-Laminate erfolgt über Sichtprüfung, Mikroskopie an Schliffbildern und DSC. Abbildung 35 und Abbildung 36 zeigen das konsolidierte thermoplastische Laminat 2116-1207 aus verwirbeltem Hybridgarn.

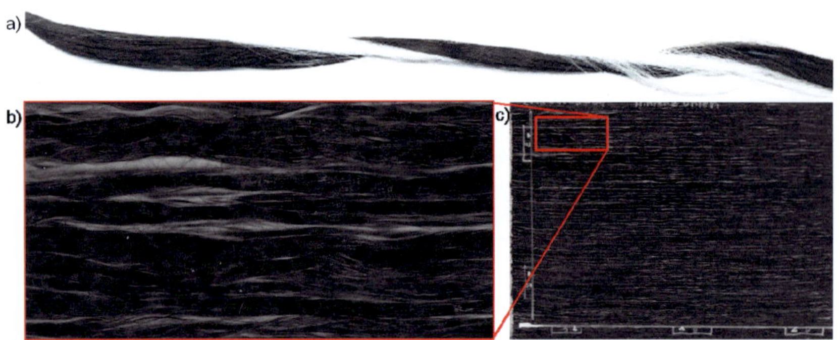

Abbildung 35: Konsolidiertes TP-Laminat aus verwirbeltem Hybridgarn
a) Ausgangsgarn V4, b) Laminatausschnitt und c) Laminat

Die bereits im luftverwirbeltem Hybridgarn ersichtlichen Ondulationen der Verstärkungsfasern fallen ebenfalls bei der Sichtprüfung des konsolidierten Laminates auf. Über Schliffbilder werden die lokal stark variierenden Faserorientierungen auch im Gefüge bestätigt. Hinzu kommen Schwankungen im lokalen Faservolumengehalt. Die hohen Festigkeiten und Steifigkeiten der verstärkenden Kohlenstofffaser kommen somit im Verbundwerkstoff nur ungenügend zur Geltung.

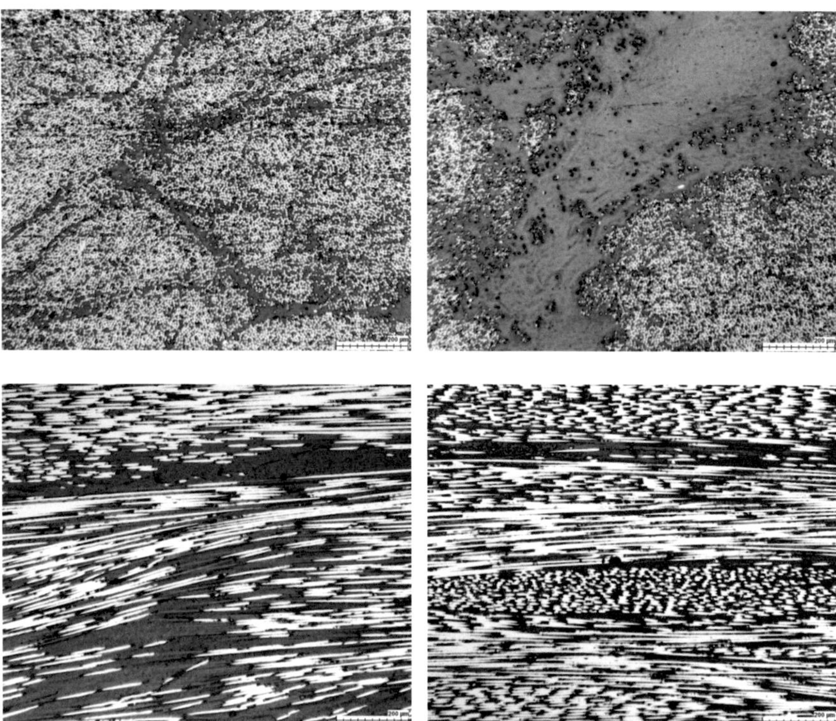

Abbildung 36: Schliffbilder aus konsolidiertem CFK-Laminat hergestellt aus einem luftverwirbelten CF-PA6-Hybridgarn V4-01 (Laminat 2116-1207)

Die gefertigten Umwindegarne weisen bereits im Ausgangszustand eine geringere Faserwelligkeit als die luftverwirbelten Garne auf. Dieses Erscheinungsbild bestätigt sich auch nach der Konsolidierung. Die Laminatoberfläche weist deutlich weniger Faserwelligkeiten und Lücken zwischen den Verstärkungsfasern auf (Abbildung 37). Die Gefügeanalyse weist zwar ebenfalls matrixreiche Stellen auf, diese sollten sich jedoch durch einen reduzierten Anteil an Thermoplastfäden im Hybridgarn vermeiden lassen. Die Verstärkungsfasern liegen im Vergleich zu den verwirbelten Garnen deutlich gestreckter vor (Abbildung 38).

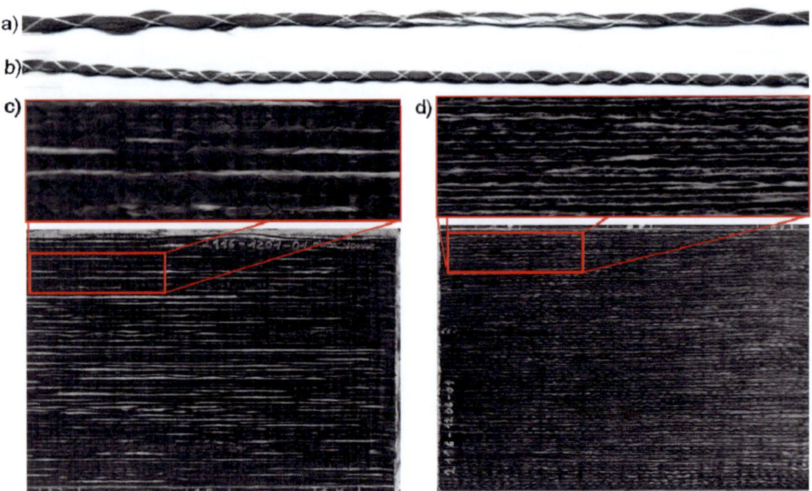

Abbildung 37: Konsolidierte TP-Laminate aus Umwindegarn a) Ausgangsgarn, V1-01, b) Ausgangsgarn V6-01, c) Laminat aus V1-01 und d) Laminat aus V6-01

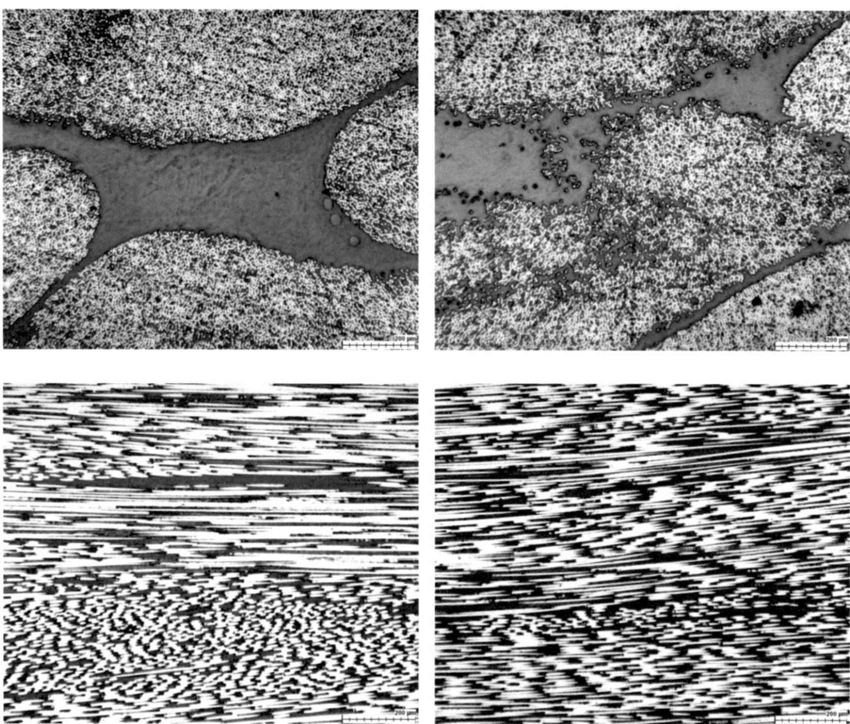

Abbildung 38: Schliffbilder aus einem konsolidiertem CFK-Laminat aus CF-
PA6-Umwindegarn V6-01 (Laminat 2116-1206)

Aus den CF-PEEK Umwindegarnen U9 und mit 15 Gew.% MagSilica® VP300
modifiziertem PEEK U10 und U13 wurden ebenfalls Laminate konsolidiert. Die
im Rahmen des Projektes gefertigten PEEK-Laminate konnten jedoch nicht
fehlerfrei gefertigt werden. Alle PEEK-Laminate weisen trockene Stellen auf,
was auf ungeeignete Pressparameter zurückzuführen ist. Mit der zur Verfügung
stehenden Presse konnten die für die Konsolidierung erforderlichen 400 °C
leider nicht vollständig erreicht werden. Abbildung 39 zeigt das Laminat 2147-
1911-02 mit 15 Gew.% MagSilica® VP300. Im Matrixgefüge sind MagSilica®
Agglomerate ersichtlich. Eine mögliche Beeinflussung des
Konsolidierungsverhaltens der Laminate durch das MagSilica® konnte im
Rahmen dieses Projektes leider nicht untersucht werden.

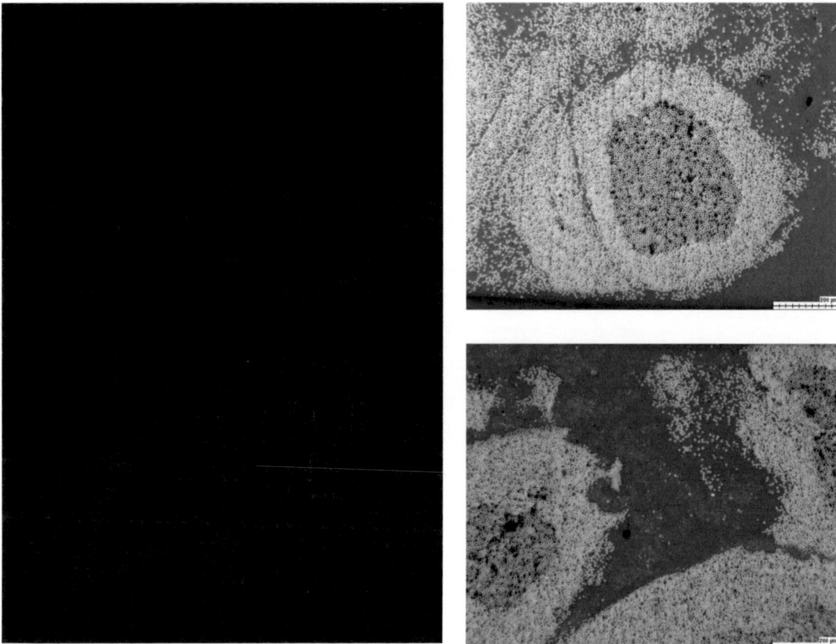

Abbildung 39: Konsolidiertes CFK-Laminat mit MagSilica® modifizierter PEEK-Matrix

Im Rahmen eines anderen Projektes wird derzeit an der Forschungsstelle ein neues temperiertes Plattenwerkzeug beschafft, welches speziell zur Konsolidierung von PEEK-Laminaten ausgelegt wurde.

## 3.2.8  Werkstoffliche Charakterisierung

Der Energieeintrag durch die Induktionstechnologie ist hoch. Dies könnte eine Materialdegradation während des Aufschmelzens hervorrufen. Um dies auszuschließen, wurden verschiedene Proben hinsichtlich ihrer Materialeigenschaften thermisch untersucht. Dazu diente eine Analyse mittels DSC. Während das 1. Aufheizen Einflüsse des Herstellungsprozesses widerspiegelt, zeigt das 2. Aufheizen (Abbildung 40) die Materialcharakteristika. Ist hierbei zwischen 2 Proben kein Unterschied zu erkennen, kann vom identischen Material ausgegangen werden.

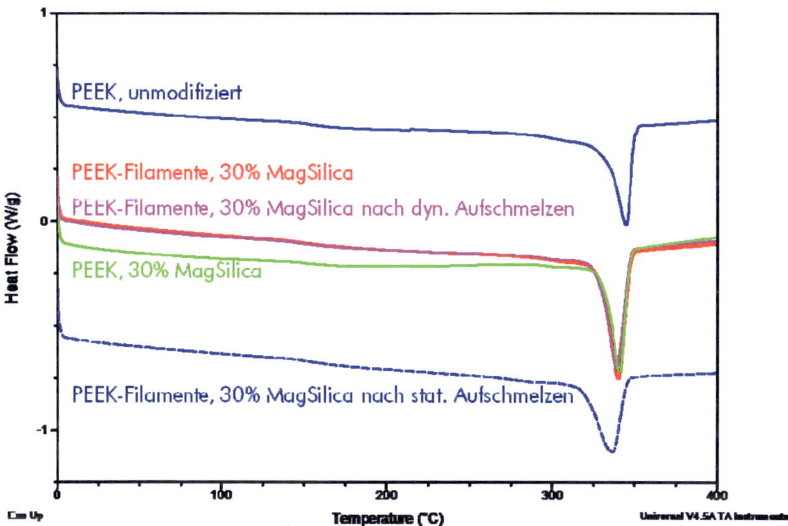


Abbildung 40: DSC Analyse zur Bestimmung der thermischen Materialcharakteristika

Es ist zu erkennen, dass der Einsatz von nanoskaligen Partikeln generell die Materialeigenschaften geringfügig ändert (leichte Verschiebung des Schmelzpunktes; vergl. 3.2.1). Durch die Weiterverarbeitung zur Faser tritt jedoch keine Änderung auf. Gleiches gilt für das kontinuierliche Aufschmelzen, bei dem die Fasern nur bis zum Erreichen des Aufschmelzens dem Induktionsfeld ausgesetzt sind. Damit kann der Prozess trotz des hohen Energieeintrages als materialschonend bezeichnet werden. Werden die Fasern dem Induktionsfeld zu lange ausgesetzt, wie bei den statischen Versuchen geschehen, kommt es zu einer Materialschädigung. Diese macht sich in der DSC Kurve als Verbreiterung des Schmelzpeaks (Gleichmäßigkeit der

Kristallstruktur nimmt ab) und der Abnahme der Intensität (kristalliner Anteil nimmt ab) bemerkbar.

In Anlehnung an DIN EN 2561-11/95 wurden Probekörper gefertigt und in einer Zwick / Roell Z250 Universalprüfmachine im quasistatischen Zugversuch getestet. Abbildung 41 zeigt die Prüfvorrichtung mit unbeschädigter Probe (links) und gerissener Probe (rechts). Das Versagensbild weist zahlreiche trockene Kohlenstofffasern auf, was auf eine ungenügende Faser-Matrix-Haftung oder eine unvollständige Konsolidierung der Laminate hinweist. Schliffbilder der gefertigten nanoskalig modifizierten CF-PEEK-Laminate belegen große Poren im Gefüge.

Abbildung 41: Prüfvorrichtung mit unbeschädigter Probe (links) und mit gerissener Probe (rechts)

Die erreichten Festigkeiten liegen mit 733 MPa und 1035 MPa, wie zu erwarten deutlich unterhalb der von Laminaten aus kommerziell erhältlichen Cetex® TC1200 CF-PEEK-Prepreg mit 2280 MPa.

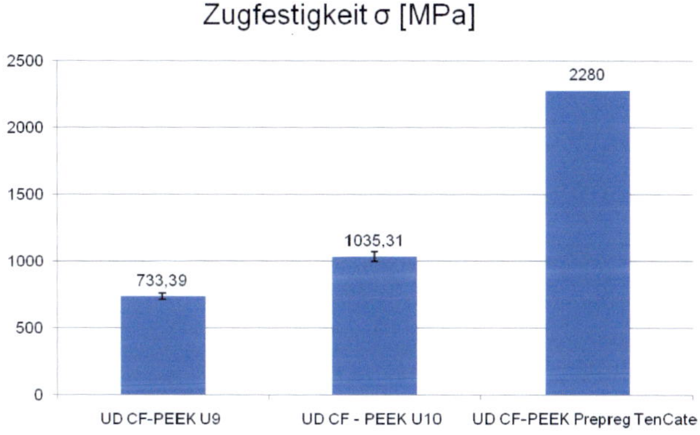



Abbildung 42: Ermittelte Zugfestigkeiten der CF-PEEK-Laminate im Vergleich zu Cetex® TC1200

Die erzielte Steifigkeit liegt mit 107 MPa ebenfalls unterhalb der Steifigkeit des Cetex® TC1200. Mit 18% Abweichung liegt die Steifigkeit jedoch schon fast auf dem Niveau des Prepregs. Hierbei ist anzumerken, dass die vom FIBRE gefertigten Laminate einen ca. 10% geringeren Faservolumengehalt als die der Firma TenCate hatten, was sich negativ auf querschnittsbezogene Kennwerte auswirkt.

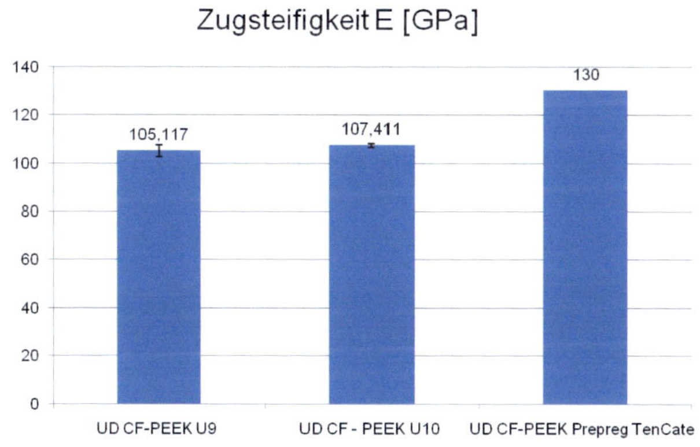



Abbildung 43: Ermittelte Zugsteifigkeiten der CF-PEEK-Laminate im Vergleich zu Cetex® TC1200

### 3.2.9 Zusammenfassung der Forschungsergebnisse

Mit den im Schmelzspinnverfahren hergestellten MagSilica®-PEEK-Fasern konnten Aufheizgeschwindigkeiten von bis zu 680 K/s (30 Gew.-% HS) bis zum Erreichen des Aufschmelzens erzielt werden. Mit dem beschriebenen Aufbau und einer einzelnen konventionellen hochfrequenten Induktionsspule (22 mm Länge) wird im Labormaßstab eine Legegeschwindigkeit von 2,7 m/min für PEEK erreicht. Wird die Aufheizstrecke um 4 Spulen von 22 mm auf 110 mm verlängert, so kann die Legegeschwindigkeit für PEEK auf 13,5 m/min erhöht werden. Für PPS würde dies unter Berücksichtigung des kompletten Aufschmelzens (310°C) 18,3 m/min bedeuten und für PA12 (220°C) könnten 33,0 m/min erreicht werden.

Eine Reduktion des Anteils der ferromagnetischen Eisenoxidpartikel im Thermoplast kann durch Mantel-Kern-Fasern erreicht werden. Voruntersuchungen am FIBRE zur Mantel-Kern-Verteilung innerhalb der Bikomponentenfasern zeigten, dass sich ein Mantelvolumenanteil von 10 Vol.-% realisieren lässt. Ausgehend von einem PEEK-Masterbatch mit 15 Vol.-% (30 Gew.-%) MagSilica®, führt dies bereits beim Einsatz von 100 % Binderfasern als Matrixkomponente im Hybridgarn zu einem MagSilica®-Anteil in fertigen Bauteil (50 % Faservolumengehalt) von 0,75 Vol.-%. Eine weitere Reduktion kann die Kombination von modifizierten Mantel-Kern-Fasern mit unmodifizierten Fasern ermöglichen, so dass bauteilbezogene Gewichtszunahmen unter einem Prozent erzielt werden könnten.

Im Vergleich zu alternativen Erwärmungsverfahren sind die Energiekosten, der Wirkungsgrad und die Änderungsflexibilität der untersuchten Technologie besonders vorteilhaft. Auch wenn die eingesetzte Induktionsanlage der Firma Himmelwerk ca. 20.000 € Investitionskosten erfordert, liegen die Kosten für die Halbzeugerwärmungseinheit mittels Laser-Technologie nach Angaben der Firma Coriolis Composites um den Faktor 10 höher.

Tabelle 3: Vergleich unterschiedlicher Erwärmungsverfahren [SYS12]

| Verfahren | Heißluft | Gasflamme | E-Ofen | Induktion | Laser |
|---|---|---|---|---|---|
| Investitionskosten | Sehr gering | Gering | Mittel | Hoch | Sehr hoch |
| Erwärmungskosten | Sehr hoch | Sehr hoch | Mittel | Sehr gering | Hoch |
| Wirkungsgrad | Sehr gering | Sehr gering | Gering | Sehr hoch | Gering |
| Energiedichte | Sehr gering | Mittel | Gering | Hoch | Sehr hoch |
| Maximaltemperatur | Sehr gering | Hoch | Mittel | Sehr hoch | Sehr hoch |
| Änderungsflexibilität | Gering | Hoch | Sehr gering | Sehr hoch | Sehr hoch |

Die Eignung des Verfahrens für den Großserieneinsatz ermöglicht es, typische Metallbauteile durch textile Produkte zu ersetzen und das Leichtbaupotential von CFK im Maschinen-, Fahrzeug- und Luftfahrzeugbau für z.B. Sitzgestelle, Pleuel, Fahrwerkskomponenten oder Zug-Druckstreben zu nutzen.

Folgende Ergebnisse wurden erreicht:
- Entwicklung, Aufbau und Erprobung einer **Prozesskette** für die Herstellung von endlosfaserverstärkten Thermoplaststrukturen
- Fertigung von **induktiv aufschmelzbaren PEEK-Fasern**
- Fertigung von **induktiv aufschmelzbaren Mantel-Kern-PEEK-Fasern**
- **Optimierung von Thermoplastfasern** als Matrixfäden für die Prozesskette
- Entwicklung und Erprobung eines **induktiv aktivierten Legekopfes**
- Ermittlung der **Fertigungszeiten** für die induktiv aktivierte Faserablage

**Das Ziel des Forschungsvorhabens wurde erreicht.**

Der Einsatz eines wissenschaftlichen Mitarbeiters (21 MM) war erforderlich, um den Projektfortschritt zu gewährleisten. Zu den Aufgaben gehörten Informationsbeschaffung zur Bauteilspezifikation, Auswahl geeigneter Ausgangsmaterialien, Versuchsplanung, Betreuung von Spinnversuchen und deren Auswertung, Koordination aller Tätigkeiten sowie Vorbereitung und Leitung der drei PA-Sitzungen. Der Einsatz des technischen Personals (16,5 MM) war zur Anlagenbedienung, Versuchsdurchführung und Charakterisierung der Material- und Prüfkörpereigenschaften im Projekt erforderlich. Studentische Mitarbeiter/-innen haben das Personal bei einfacheren Aufgaben unterstützt um Kosten einzusparen. Die Arbeiten sind in Zeitdauer und Sinnhaftigkeit dem vorgegebenen Arbeitsplan angemessen. Der Personaleinsatz war demzufolge notwendig und angemessen.

# 4 Wirtschaftliche Bedeutung des Forschungsthemas für kleine und mittlere Unternehmen (KMU)

Die Projektergebnisse bringen den Nachweis der Eignung dieses neuen Fertigungsverfahrens für Hochleistungsanwendungen. Mit vergleichsweise einfacher Anlagentechnik lassen sich typische Metallbauteile durch textile Produkte ersetzen und das Leichtbaupotenzial von CFK im Maschinen-, Fahrzeug- und Flugzeugbau für z.B. Sitzgestelle, Pleuel, Fahrwerkskomponenten oder Zug-Druckstreben nutzen.

Die gute Anpassbarkeit der Anlagentechnik an verschiedene Geometrien eröffnet auch Chancen für die wirtschaftliche Fertigung von variantenreichen Serien im Maschinenbau und in der Orthopädietechnik. Die Bauteile werden aus einfachen unspezifischen Halbzeugen aufgebaut und weisen einen geringen Verschnitt auf. Sie sind endkonturgenau, mit Spritzgussteilen thermisch fügbar und benötigen keinen Korrosionsschutz. Textile Zulieferbetriebe werden mit dieser Technologie in die Lage versetzt, hybride Preforms anzubieten oder selbst Faserverbundbauteile herzustellen und Metallteile zu substituieren. Mit der dargestellten Prozesskette erfolgt eine Verlagerung in der Wertschöpfungskette hin zum textilen Preform, da in produktspezifischen Halbzeugen neben der kraftflussgerechten Faserarchitektur die Kunststoffkomponente integriert ist.

Die Herstellung von hochgefüllten, induktiv aktivierbaren Polymerfasern war im Projektrahmen möglich. Der Nachweis wurde an einem Hochleistungspolymer erbracht und öffnet somit vielen Polymeren den Weg. Das Spinnen war mittels kommerzieller Anlagentechnologie möglich. Lediglich die Prozessparameter müssen an das neue Materialsystem angepasst werden. Da die Compounds direkt vom Hersteller bezogen werden können, ermöglicht dies bestehenden Faserherstellern die schnelle Bereitstellung der modifizierten Faser im Bedarfsfall. Ein erster potenzieller Kunde (KMU auf dem Gebiet der Pultrusionstechnik) hat bereits sein Interesse an der Faser bekundet.

Die Weiterverarbeitung zu umwundenen Hybridgarnen läuft bereits stabil und zuverlässig. Auch hier konnte auf bestehende Anlagentechnik mit nur geringen Modifikationen zurückgegriffen werden. Die Modifikationen sind für einen Textilmaschinenhersteller leicht umzusetzen, so dass dieser bei Interesse schnell einen neuen Anlagentyp anbieten kann. Die dafür benötigten Einzelkomponenten werden ebenfalls weitestgehend von KMUs hergestellt.

Die Entwicklung des Ablegekopfes ist abgeschlossen. Interessierte Firmen können mit den veröffentlichten Forschungsergebnissen und der Unterstützung der Forschungsstelle in die Umsetzung gehen. Durch die flexible Gestaltung ist das Einsatzgebiet des Ablegesystems sowohl an Portalanlagen als auch freibeweglichen Robotersystemen möglich.

## 4.1 Voraussichtliche Nutzung der angestrebten Forschungsergebnisse

Die Nutzung der Forschungsergebnisse erfolgt voraussichtlich in den Fachgebieten

- Produktion („hauptsächliche Nutzung"),
- Werkstoffe, Materialien („hauptsächliche Nutzung") und
- Rohstoffe („Nutzung auch möglich").

Weiterhin kommt eine Nutzung in den Wirtschaftszweigen

- Textilgewerbe („hauptsächliche Nutzung"),
- Herstellung von Kunststoffwaren, („hauptsächliche Nutzung"),
- Fahrzeugbau („Nutzung auch möglich") und
- Maschinenbau („Nutzung auch möglich")

in Betracht.

## 4.2 Möglicher Beitrag zur Steigerung der Leistungs- und Wettbewerbsfähigkeit der KMU

a) Erschließung neuer Märkte

Die zu erwartenden mechanischen Eigenschaften von Bauteilen bei einwandfreier Konsolidierung aus der Prozesskette sind hoch. Die Hybridpreforms sind erheblich günstiger als die Organobleche, da Prozessschritte eingespart und Verschnitt minimiert werden kann. Die Verarbeitung bauteilspezifischer Preforms, welche zusätzlich zu den Verstärkungsfasern mit der Matrixkomponente ausgestattet sind, ist einfach; zudem ist Prozesskette kurz. Für die Umformung und Konsolidierung ist lediglich eine beheizbare Presse erforderlich. Mit dieser lassen sich hohe Taktraten erzielen, so dass neue Anwendungen für Faserverbundbauteile ermöglicht werden. Mit dem hohen Leichtbaupotenzial und der Möglichkeit zur Eigenschaftsoptimierung können die Hybridpreforms in Bereichen eingesetzt werden, die heute noch von metallischen Werkstoffen dominiert werden.

- Durch die steigende Nachfrage nach Leichtbaulösungen im Fahrzeugbau erhöht sich bereits jetzt der Anteil an Faserverbundbauteilen in der Gesamtstruktur. Mit den Forschungsergebnissen ist eine Ausweitung auf weitere Baugruppen möglich.
- Im Flugzeugbau können Primär- und Sekundärstrukturen, beispielsweise Verbindungsteile wie Hatrack-Brackets aus Hybridpreforms gefertigt und metallische Strukturbauteile substituiert werden.
- In der Orthopädie ermöglichen die Hybridpreforms sehr leichte, hochsteife Prothesen, welche durch maßgeschneiderte Preforms sehr gut an die Körper der Betroffen individuell angepasst werden können.
- Die leichte Fertigung von variantenreichen Bauteilen von kleinen und mittleren Stückzahlen ermöglicht deutlich effizientere Lösungen durch den Einsatz von Faserverbundwerkstoffen im Maschinenbau.
- Auch für Sportartikel können durch den Einsatz der Hybridpreforms Laufräder oder Sättel für den Radsport oder Tennisschläger aus CFK deutlich günstiger angeboten werden.

Mit Hilfe der im Projekt gewonnenen Ergebnisse ist ein breiterer Anwendungsbereich von CFK-Bauteilen für Hochleistungsprodukte zu erwarten, was durch die Beteiligung von Endanwendern unterschiedlichster Branchen auch im PBA verdeutlicht wurde. Die für dieses Forschungsvorhaben gewählten kostenintensiven Hochleistungswerkstoffe schließen zwar niederwertige Produkte aus, jedoch ermöglicht der effiziente Werkstoffeinsatz mit unter 5 % Verschnitt und die schnelle, automatisierte Prozesskette mit unspezifischer Anlagentechnik leistungsfähigere Produkte mit geringeren Kosten im Vergleich zur verbreiteten textilen Prozesskette. Auf der anderen Seite kann für kostengünstigere Produkte die Polymerkomponente ausgetauscht werden.

Dies festigt die Marktposition der Zulieferindustrie, der Verarbeiter und Faserhersteller. Die Verwendung einer thermoplastischen Matrix ermöglicht nach Gebrauch den Rückfluss seiner Bestandteile in einen neuen Produktionsprozess (Materialrecycling).

b)      Wirtschaftliche und technologische Vorteile

Die dargestellte Prozesskette und die möglichen Produkte weisen insgesamt mehrere Vorteile gegenüber den konventionellen Technologien auf:

- Die neue Fixierungsart des Hybridgarns ermöglicht im Vergleich zur TFP-Technologie das schädigungsfreie Ablegen von Verstärkungsfasern auch auf Bahnen mit kleinen Krümmungsradien und für dicke Preforms.
- Im Vergleich zu bestehenden Tow-Placement Anlagen können deutlich kleinere Inplane-Ablegeradien ohne Faserwelligkeiten verwirklicht werden.
- Außer dem sehr geringen Anteil von MagSilica® bei optimierter Bikomponentenfaser sind keine weiteren Hilfsmittel wie niedrigschmelzende thermoplastische Binder erforderlich, die je nach Einsatzgebiet des Materials zu reduzierenden Hot-Wet-Eigenschaft führen können.
- Die Werkstoffeigenschaften können über die maßgeschneiderte Ausrichtung der Verstärkungsfasern optimal an die Bauteilbelastungen angepasst werden.
- Durch den hohen Automatisierungsgrad der Prozesskette ist eine kundennahe Fertigung in Ländern mit vergleichsweise hohem Lohnniveau möglich. Eine hohe Prozesssicherheit ist gewährleistet.
- Mit Fertigung der Preforms auf Endkontur mittels des Tow-Placement-Verfahrens wird der Zuschnitt des textilen Flächenproduktes umgangen. Neben Kosten für die Schneideeinrichtungen und Personal wird dabei auch der sonst übliche Verschnitt deutlich reduziert. Qualitätseinbußen, welche sonst in Form von Faserondulationen beim Schneideprozess und der Handhabung biegeschlaffer Textilien hervorgerufen werden, kommen ebenfalls nicht zum Tragen.
- Die ausreichend hohe Steifigkeit des Hybridpreforms ermöglicht die Lagerung und den sicheren Transport. Die Fertigung der Preforms kann in der textilen Zulieferindustrie (KMU) erfolgen. Somit wird die Auslastung von bauteilunspezifischen Tow-Placement-Anlagen sichergestellt und das jeweilige Expertenwissen der unterschiedlichen Wirtschaftszweige genutzt.
- Die kurzen Zykluszeiten ermöglichen die Umsetzung von Leichtbaukonzepten für ein breites Anwendungsfeld. Die neuen Produkte zeichnen sich dabei durch geringeres Gewicht, erhöhte Leistungsfähigkeit und reduzierten Energieverbrauch im Betrieb aus.

Die im Projekt gewonnenen Erkenntnisse führen auch zu einem technologischen Vorsprung für Unternehmen, die die Erkenntnisse unmittelbar in die Produktion zu innovativen Produkten umsetzen können.

52

# 5 Beabsichtigte Umsetzung der angestrebten Forschungsergebnisse

Um einen wirkungsvollen und breiten Transfer der Arbeiten und der Ergebnisse für die Zielgruppen zu gewährleisten, wurden verschiedene Instrumente zur Veröffentlichung gewählt.

Tabelle 4: Transferaktivitäten während der Projektlaufzeit

| Transferaktivität | Zielgruppe und Ziel | Rahmen | Zeitpunkt/- raum |
|---|---|---|---|
| Laufende Information über den Ergebnisstand des Projektes | Interessierte Öffentlichkeit | Internet-Auftritte der Forschungsstellen | kontinuierlich |
| PA-Sitzung | Mitglieder und Gäste des Projektbegleitenden Ausschusses | 3 Sitzungen | 08.04.2011 18.10.2012 30.11.2012 |
| Lehre | Studierende Hochschule Bremen | Untersuchungen im Rahmen einer Bachelorarbeit [KOZL2012] | 11.10.2012 bis zum 13.12.2012 |
| Lehre | Studierende der Universität Bremen | Integration in Vorlesung: Technologie der Faserverbundwerkstoffe, Universität Bremen | seit 10.2012 |
| Projektpräsentation auf Messen und Tagungen | Interessierte Öffentlichkeit und Fachpublikum | ICMAC, Belfast [SCHI11] SAMPE, Niederlande [FRI11] JEC Composites Show 2011  ITHEC 2012 Bremen | 23.03.2011 14.09.2011 29.-31.03. 2011 29.- 30.10.2012 |
| Aufbereitung der Projektergebnisse | AiF, Forschungskuratorium Textil | Abschlussbericht | 28.02.2013 |

Tabelle 5: Transferaktivitäten nach Projektabschluss

| Transferaktivität | Zielgruppe und Ziel | Rahmen | Zeitpunkt/-raum |
|---|---|---|---|
| Veröffentlichung des Abschlussberichtes | Interessierte Öffentlichkeit | Ergebnisse als Buch mit ISBN über den Fachhandel für jedermann zugänglich machen | ab 2013 |
| Veröffentlichungen der Ergebnisse in Fachzeitschriften | Fachpublikum | Journal of Applied Polymer Science | ab Jun. 2013 |
| Beratung von Unternehmen | Faserhersteller, Textilsektor, Hersteller von Faserverbundbauteilen, Hersteller von Automatisierungstechnik | individuelle Aktivitäten, z.B. Prüfung der individuellen Eignung der Technologie | ab Jan. 2013 |
| Lehre | Studierende der Universität Bremen | Integration in Vorlesung „Technologie der Faserverbundwerkstoffe" Universität Bremen | ab Okt. 2013 |
| Weiterentwicklung und Überführung in die Industrie | Interessierte Unternehmen | Aufbau eines industriegetriebenen Projektkonsortiums für ein Projekt im Luftfahrtforschungsprogramm (LuFoV) | ab 2013 |
| Präsentation auf Messen und Tagungen | Interessierte Öffentlichkeit, Fachpublikum | 19. Symposium Verbundwerkstoffe und Werkstoffverbunde der DGM in Karlsruhe TexComp 11 in Leuven | 03.-05. Juli 2013 19.-20.09. 2013 |

Die modifizierten Fasern können im Hinblick auf potentielle Anwendungen bereits heute am Institut in ausreichenden Mengen für erste Testchargen hergestellt werden. Hierbei ist der Einsatz nicht nur auf das neue Tow

Placement Verfahren beschränkt (Interesse aus dem Bereich der Pultrusion liegt vor).

Bestehende TFP-Anlagen lassen sich leicht um eine Induktionseinheit erweitern, so dass für eine Umsetzung geringe Investitionen in den KMU-Betrieben erforderlich sind. Der stetig wachsende Markt ist jedoch schwer zu quantifizieren. Alleine der Anteil von langfaserverstärkten Thermoplastanwendungen hat sich in den vergangenen 10 Jahren mehr als verdoppelt.

Auf dem Abschlussmeeting zeigten alle beteiligten Firmen das Interesse die Entwicklung bis zur Marktreife voranzutreiben. In welchem Rahmen dies ablaufen wird, bedarf jedoch noch einer Klärung. Unter Anderem ist das KMU Becker Carbon an einem finalen Bauteil aus der beschriebenen Prozesskette interessiert. Hierfür wird in erster Linie die Umsetzung des induktiven Ablegekopfes voran getrieben. Eine Möglichkeit dazu bietet das Luftfahrtforschungsprogramm. Im Call 2013 wird versucht, aufbauend auf den erzielten Ergebnissen, eine Weiterführung der Thematik zu realisieren.

# 6 Durchführende Forschungsstelle(n)

Forschungsstelle 1:        Faserinstitut Bremen e. V. (FIBRE)
                           Gebäude IW 3
                           Am Biologischen Garten 2
                           28359 Bremen
                           Telefon:    0421/218 58700
                           Telefax:    0421/218 58710
                           e-mail:     sekretariat@faserinstitut.de
Leiter der Forschungsstelle:        Prof. Dr.-Ing. Axel S. Herrmann
Projektleiter:                      Dipl.-Ing. Lars Bostan

# 7 Danksagung

Das IGF-Vorhaben „Funktionalisierte Fasern zur Thermofixierung von PEEK / CF-Preforms für Hochleistungsfaserverbundbauteile (Biko-PEEK Tow Placement)", AiF-Nr. 16827 N der Forschungsvereinigung Forschungskuratorium Textil e.V., Reinhardtstraße 12-14, 10117 Berlin wurde über die AiF im Rahmen des Programms zur Förderung der industriellen Gemeinschaftsforschung und -entwicklung (IGF) vom Bundesministerium für Wirtschaft und Technologie aufgrund eines Beschlusses des Deutschen Bundestages gefördert. Dafür möchten wir uns bedanken.

Darüber hinaus gilt unser Dank den beteiligten Projektpartnern und den Mitgliedern des Projektbegleitenden Ausschusses der Firmen FOURNÉ Polymertechnik GmbH, Bond Laminates GmbH, Becker Carbon GmbH, RPE Technologies GmbH, Evonik Industries AG, Bremer Werk für Montagesysteme GmbH und Dietze & Schell Maschinenfabrik GmbH & Co. KG für die gute Zusammenarbeit und die Unterstützung bei den Forschungsarbeiten.

# 8    Verzeichnisse

## 8.1 Abbildungsverzeichnis

## 8.2 Tabellenverzeichnis

## 8.3 Literaturverzeichnis


[BAR07]     Baron, C.: Composites with thermoplastic Matrix, Evonik Industries 12.2007

[BRÜ03]     Brünig, H., Beyreuther, R., Vogel, R., Tändler, B.: Melt Spinning of fine and ultra-fine PEEK-Filaments, Journal of Materials Science 38 (10) (2003) 2149-2153

[CHO01]     Choi, B.-D.; Diestel, O.; Offermann, P.; Hübner, T.; Mäder, E: Weiterentwicklung von Commingling-Hybridgarnen für thermoplastische Faserverbundwerkstoffe, 11.Techtextil Symposium 2001, Vortragsnummer 212/219. Messe Frankfurt, Frankfurt/Main, April 2001, S. 1-8

[CHO05]     Choi, B. D.: Entwicklung von Commingling-Hybridgarnen für faserverstärkte thermoplastische Verbundwerkstoffe. Dresden, Technische Universität Dresden, Fakultät Maschinenwesen, Dissertation, 2005, Dresden: TU-Dpress 2005. – ISBN 3-938863-09-9

[DIE01]     Diester, O.: Optimierung des Commingling-Prozesses zur Herstellung von Hybridgarnen für langfaserverstärkte Thermoplaste, ITB, Dresden, AiF 11644 B, 2001

[DIS92]     Disselbeck, D.; Gebauer, E.: Verfahren zur Herstellung eines dreidimensional verformten Textilmaterials und seine Verwendung, Hoechst Aktiengesellschaft, European Patent EP0512431, 1992

[ELI01]     Elias, H.: Makromoleküle, Physikalische Strukturen und Eigenschaften, Weinheim [u.a.], Wiley-VCH, 2001

[EHR06]     Ehrenstein, G. W.: Faserverbund-Kunststoffe : Werkstoffe, Verarbeitung, Eigenschaften, Hanser-Verlag, München, 2006

[EVO11]     Evonik Industries: Product Information Vestakeep® 2000G, 2011

[EWS12]     EWS Robert Konnerth: http://www.ews-konnerth.at/de/himmelwerk/, Homepage am 28.09.2012

[FES04]     Fesser, T. : Praxissemesterbericht, Ten Cate Advanced Composites, Nijverdal, Niederlande, 2004

[FLE96]     Flemming, M., Ziegmann, G., Roth, S.: Faserverbundbauweisen : Halbzeuge und Bauweisen, Springer-Verlag, Berlin 1996

[GLI04]     Gliesche, K, Orawetz, H.: Nutzung des Tailored Fibre Placement Verfahrens zur Low-cost-Herstellung von beanspruchungsgerechten Spantstrukturen, Critical Design Review des Verbundprojektes EMIR CFK-Rumpf, Bremen 2004

[GOL07]     Golzar, M., Brünig, H., Mäder, E.: Commingled Hybrid Yarn Diameter Ratio in Continuous Fiber-reinforced Thermoplastic Composites, Journal of Thermoplastic Composite Materials 20(1) (2007) 17-26

[HER03]     Herrmann, A. S.: Produktionstechnik – Ein Weg zur Massenproduktion von CFK-Leichtbaustrukturen, 9. Chemnitzer Textilmaschinentagung, Chemnitz 20.11.2003

[HOU08]     Houis, S., Schreiber, F., Gries, T.: Faserstoff-Tabellen nach P.-A. Koch : Bikomponentenfasern, Aachen 2008

[HUF01]     Hufenbach, W.: DFG-Forschergruppe "Textile Verstärkungen für Hochleistungsrotoren in komplexen Anwendungen", Jahresforschungsbericht 2001

[HUF02]     Hufenbach, W.: DFG-Forschergruppe "Textile Verstärkungen für Hochleistungsrotoren in komplexen Anwendungen", Jahresforschungsbericht 2002

[HUF03]     Hufenbach, W.: Textilverstärkte Verbundkomponenten für funktionsintegrierende Mischbauweisen bei komplexen Leichtbauanwendungen, DFG-Sonderforschungsbereich SFB 639, Dresden, 2003

[KOZL2012]  Kozlik, P.: Konstruktion und Erprobung eines mit Induktionstechnik ausgestatteter Legekopfes für Kohlenstoff-PEEK-Hybridgarne, Bachelorarbeit Hochschule Bremen/Faserinstitut Bremen e.V., 12.2012

[MAT00]     Mattheij, P., Gliesche, K., Feltin D.: 3D reinforced stitched carbon/epoxy laminates made by tailored fibre placement, Composites: Part A 31 (2000) 571–581

[MIE07]     Miene, A.: Bildanalytische Qualitätssicherung textiler Halbzeuge, 16. Symposium Verbundwerkstoffe und Werkstoffverbunde, DGM-Tagung, Universität Bremen 2007

[MIE08]     Miene, A., Herrmann, A., Göttinger, M.: Quality Assurance by Digital Image Analysis fort he Preforming and Draping Process of Dry Carbon Fibre Material, Proceedings of SEICO '08, SAMPE Europe International Conference, Paris (FRA) 31.03. – 02.04.2008

[NEU07]      Angebot TenCate Advanced Composites, Nederland, August
             2007

[OHK89]      Ohkoshi, Y., Ohshima, H., Matsuhisa, T., Toriumi, K., Konda,
             A.: Drawing Mechanism of PEEK Filaments – Effects of
             Drawing Temperature and Drawing Ration, Sen-I Gakkaishi
             45(12) (1989) 509-515

[OHK90]      Ohkoshi, Y., Ohshima, H., Matsuhisa, T., Miyamoto, N.
             Toriumi, K., Konda, A.: Structures and mechanical Properties
             of PEEK Filaments, Sen-I Gakkaishi 46(3) (1990) 87-92

[OHK93]      Ohkoshi, Y., Kikutani, T., Konda, A., Shimizu, J.: Melt Spinning
             of Poly Ether-ether-ketone (PEEK) – Cooling, Thinning, and
             Structure Development on Spin-line, Sen-I Gakkaishi 49(5)
             (1993) 211-219

[PIE09]      Piepenbrock, J., Herrmann, A., Schmidt, F., Fastert, C.,
             Dierssen, T. Schneider, M.: Automatisierte Ablage bebinderter
             Kohlenstofffasern - ein neuer Ansatz in der CFK-Produktion,
             DGLR Kongress, Aachen, 10.09.2009

[ROH83]      Rohr, B.; Wiele, H.; Fachlexikon ABC Technik; Verlag Harri
             Deutsch, Frankfurt/M. 1983

[SCH06]      Schiebel, P., Herrmann, A. S., Eberth, U.:
             Hochleistungsverbundbauteile auf Basis textiler Halbzeuge -
             Herausforderungen und Entwicklungen., 33. Aachener
             Textiltagung, 23.11. – 24.11.2006

[SCH12]      Schiebel, P.: CFK-Großserienbauteile aus Hybridrovings,
             Forschungsberichte aus dem Faserinstitut Bremen, Band 44,
             Faserinstitut Bremen e. V., ISBN 978-3-8482-1409-9, 2012

[SCHW07]     Schwarz, O.: Kunststoffkunde : Aufbau, Eigenschaften,
             Verarbeitung, Anwendungen der Thermoplaste, Duroplaste
             und Elastomere / Schwarz; Ebeling (Hrsg.), 2007

[SHI87]      Shimizu, J., Kikutani, T., Ookoshi, Y., Takaku, A.: Melt-
             Spinning of Polyehter-ether-ketone (PEEK) and the Structure
             and Properties of the resulting Fibers, Sen-I Gakkaishi 43(10)
             (1987) 507-519

[SYS12]      Systemtechnik Skorna: http://www.induktionserwaermung.de,
             Homepage am 3.10.2012

[TEN08]      Produktinformation, Royal TenCate, 01.2008
             http://www.tencate-ac.com

[WEI02]     Weimer, C., Mitschang, P., Neitzel, M.: Continous
            Manufacturing of Tailored Reinforcements for Liquid Infusion
            Processes Based on Stitching Technologies, Kaiserslautern
            2002
[ZHA05]     Zhao, X., Yi, X., Xu, Z., Xu, Y.: Effects of Spinneret Structure on
            Poly-ether-ether-ketone fibers by screw extrusion, Journal of
            Central South University of Technology 12(3) (2005) 272-275
[ZÜL10]      Zülch, M.: Induktive Erwärmung, GIT Labor-Fachzeitschrift,
            04/2010, S. 89

FSC
www.fsc.org
MIX
Papier aus ver-
antwortungsvollen
Quellen
Paper from
responsible sources
FSC® C105338